新知
图书馆

第三辑

改变世界的化学

[美] 伊恩·C. 斯图尔特

贾斯廷·P.洛蒙特 /著

侯鲲 雷铮 宗毳 /译

上海科学技术文献出版社
Shanghai Scientific and Technological Literature Press

图书在版编目（CIP）数据

改变世界的化学 /（美）伊恩·C.斯图尔特，（美）贾斯廷·P.洛蒙特著 . 侯鲲，雷铮，宗磊译 . —上海：上海科学技术文献出版社，2020

ISBN 978-7-5439-8069-3

Ⅰ.① 改…　Ⅱ.①伊…②贾…③侯…④雷…⑤宗…　Ⅲ.①化学—普及读物　Ⅳ.① O6-49

中国版本图书馆 CIP 数据核字（2020）第 026549 号

The Handy Chemistry Answer Book

图字：09-2014-267

责任编辑：李　莺
封面设计：周　婧

改变世界的化学
GAIBIAN SHIJIE DE HUAXUE
[美]伊恩·C.斯图尔特　贾斯廷·P.洛蒙特　著　侯鲲　雷铮　宗磊　译
出版发行：上海科学技术文献出版社
地　　址：上海市长乐路 746 号
邮政编码：200040
经　　销：全国新华书店
印　　刷：常熟市人民印刷有限公司
开　　本：720×1000　1/16
印　　张：13.75
字　　数：231 000
版　　次：2020 年 9 月第 1 版　2020 年 9 月第 1 次印刷
书　　号：ISBN 978-7-5439-8069-3
定　　价：48.00 元
http://www.sstlp.com

前言

青春痘里面有什么？

为什么吃火鸡会犯困？

荧光棒的原理是什么？

为什么喝醉酒第二天会头痛？

化学（当然，还有这本书！）将会为你解答所有这些问题。这些问题的背后都关联着很多非常有趣的化学故事与人物。所以，不论你曾在中学还是大学学习过化学，甚至正在从事与化学相关的工作，我们相信你都会从这本书中发现乐趣，正如我们在写作过程中所获得的乐趣一样。

只要翻开本书，你马上就会发现，我们的叙述方式与教科书完全不同。如果你对身边世界中的任何物体（不论是你接触到的、感受到的还是品尝到的）存有好奇心的话，那么这本书就是你正确的选择。我们采用了简洁的问答形式来解释人们日常生活中的化学问题。在这里，你可以找到化学学科各方面的内容。

据我们猜测，你很有可能会想知道诸如月桂醇聚醚硫酸酯钠在洗发香波中有何作用之类问题的答案，但你从来没有机会问出这个问题。所以我们希望能用浅近的语言来解释这些问题，这也是为什么整本书都采用了口语形式，即使我们谈论的是一些非常深奥的主题。我们希望你获得的阅读感受就像和人在讨论化学一样，即便这曾是你打死也不会干的事情。化学结构图统贯全书，并且采用的是一种简化的画图方式。你可以用这些图来作为参考，但不要完全依赖它们。更多的注意力还是应该放在书中所表述的化学原理上。如果你有书上没有涉及的化学方面的问题，或者你想告诉我们你所知道的化学故事，那么不要犹豫，请随时给我们发邮件。

最后，我们很享受各自在所供职的公司和高等学府中的生活，我们希望未来几年能够继续这儿的工作。所有本书的事实、影响、错误和意见完全由我们自己负责,不代表我们所供职的公司或机构,以及其他人和组织的意见及立场。

伊恩·C.斯图尔特(Ian C. Stewart)

贾斯廷·P.洛蒙特(Justin P. Lomont)

(电邮:Handy.chemistry.answers@gmail.com。)

目录
CONTENTS

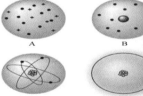

目录

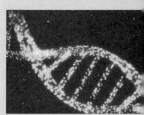

Contents

一 化学的历史

▶ 关于化学研究最早的历史证据是什么?

尽管当时人们并不称这一门学科为"化学",但是古文明时代在生活中的很多方面人们已经运用到了化学反应。冶金术,包括从矿石中提纯出金属和之后让不同金属互相结合成为合金,例如青铜,此类活动遗留下许多早期人类进行化学探索的证物;制陶术,包括制造和使用不同的釉色;通过发酵制造啤酒和其他酒类;制造颜料、染料给布匹染色或制作化妆品……这些都表明人类总是对于改变物质的能力感到着迷。

▶ 早期的化学是从哪里发展起来的?

在许多不同的文明古国中都有人们都能够制造颜料和染料,或者通过发酵水果的方式来酿酒等的证据。最早关于原子和化学世界是如何组成的理论来自古希腊和古印度。希腊的留基伯[1] (Leucippus) 和印度的迦那陀[2] (Kanada) 都提出来肯定有一种很小的、不可再分割的物质。希腊语中"不可分割"这个词是"atomos",明显是现代英文中"atom (原子)"这一词汇的词源。迦那陀对于类似的概念使用的词汇是"paramanu"或者简写为"anu",即不可再分割的物质元素。

---

[1] 古希腊哲学家 (约前500—前440) ,原子论奠基人。
[2] 古印度哲学家,生平不详,大约生活在公元前2世纪。

▶ 米利都(Miletus)和化学有什么关系？

米利都是古希腊的一座伟大城市，它坐落于现在的土耳其的西海岸区域。正是在这里，那些关于化学的最早的思想火花被记录下来。在公元前6世纪，米利都学派形成，三位哲学家的思想流传至今。他们是泰勒斯[1] (Thales)、阿那克西曼德[2] (Anaximander) 和阿那克西美尼[3] (Anaximenes)。泰勒斯认为宇宙中最基础的元素是水，大地漂浮在水之上。阿那克西曼德对这些说法提出了异议，他认为宇宙是在火和水 (热和冷) 分离时形成的，大地只是漂浮在虚无之上。阿那克西美尼 (Anaximenes)，他可能是阿那克西曼德的朋友或学生，也对泰勒斯的说法提出了异议。他认为空气是最基础的物质，空气经过压缩形成水，水蒸发形成空气。

▶ 谁首先提出了元素的观念？

柏拉图 (Plato) 获得了这一殊荣。他在描述宇宙的物种基本形态——四面体、正八面体、十二面体、八面体和立方体时，首先使用了"元素"这一词汇，他确信这些多面体组成了整个宇宙。此后柏拉图进一步将每种形态归类于某种元素，并借鉴了恩培多克勒 (Empedocles) 的观念 (参见下一问题)。四面体代表火，正八面体代表水，十二面体代表以太，八面体代表空气，立方体代表土地。虽然这种将几何体与宇宙基本元素关联的做法实际上并不成立，但是柏拉图的观念却影响了欧几里得 (Euclid)，使他创造了几何学。

▶ 恩培多克勒认为的四种基本元素是什么？

一位名叫恩培多克勒的希腊人 (他不是来自米利都，而是来自西西里)，是第一位提出四大"元素"说法的人。这四种元素是土、气、水和火。这些基本元

---

[1] 泰勒斯 (约前624—约前547)，古希腊时期的思想家、科学家、哲学家，希腊最早的哲学学派——米利都学派 (也称爱奥尼亚学派) 的创始人。

[2] 阿那克西曼德 (约前610—前546)，泰勒斯的亲戚兼学生，希腊哲学家。

[3] 阿那克西美尼 (约前588—约前525)，米利都学派的第三位重要学者，是阿那克西曼德的学生。他继承了前两位米利都学派哲学家的传统，也是该学派最后一位哲学家。

素当时的定义和现在化学家们的定义差异很大（我们会在随后的章节中提及）。不像今天人们对于元素的定义，恩培多克勒对于元素的理解并没有建立在元素必须是一种纯物质的基础上。例如，水，显然不是恩培多克勒遇到过的唯——种液体。土代表固体，水代表液体，气代表各种气体，火代表热。

▶ 亚里士多德（Aristotle）添加的第五元素是什么？

尽管恩培多克勒被认为是第一个提出四大基本元素的人，但亚里士多德有时也会被冠以这一称号。亚里士多德的确提出了第五种元素，他称之为"以太"。亚里士多德认为以太是一种神的物质，正是它组成了天空中的星星和其他天体。

▶ 原子论是什么时候形成的？

原子的观念最初是由古代的学者们提出来的。哲学家德谟克利特（Democritus）和留基伯通常被认为首先提出了早期的原子概念，包括有不同种类原子存在的概念，在原子间有着一定量空间的概念，

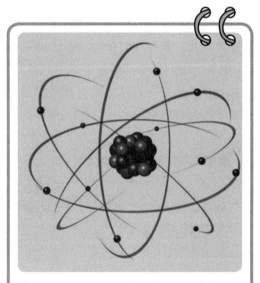

最早的原子理论出现在古希腊，哲学家推测出有不同种类的原子，它们之间还有很大的空间——这个推论的产生比显微镜的发明早了几千年

以及原子的性质决定了它们组成的人们日常所看到和接触到的物质的性质的理念。在很多个世纪中，原子的结构和性质的理论大部分都是基于猜测和推理。直到19世纪初，在实验的基础上，原子理论才发展成为现代原子理论。

▶ 元素是什么？

元素是一种化学物质最基本的形态。如果你有一个完全由一种元素组成的物体，那么这一物体所有的原子都会有相同数量的质子（我们会在后续的章

节讨论质子) 和相同的化学属性。我们每天接触的物体中完全由一种元素构成的并不多——大多数物质是由几种不同元素的原子结合而成。

▶ 古代化学和现代化学的区别是什么?

首先并没有一个清晰明确的关于古代化学和现代化学的区分,但两者之间的确存在根本性的区别。现代化学家用原子、分子和电子等术语来描述组成物质的方式,他们对于这些组成物质的基本粒子有一个相对完整的认识,这种认识至少已经足以解释化学变化。古代化学家缺乏这些建立在实验证据基础上的知识,基本上他们更多地依赖于推论和神话。例如,古代化学家热衷寻找点金石,即便这些石头的存在从来没有被证实过,但这也丝毫减损不了在传说中拥有永葆青春的神秘力量的石头对他们的吸引力。

▶ 谁最早进行了化学实验?

在西方的记录中,贾比尔·伊本·赫扬 (Jābir ibn Hayyān) 很有可能是最早进行化学实验的化学家。贾比尔生活在8世纪的现在属于伊朗的一块区域,就像他之前和之后的化学家一样,他被将一种物质变成另外一种物质和长生不老的想法深深吸引。在四大基本元素之上,贾比尔加上了硫和汞。贾比尔认为,所有的金属都是由这两种元素按照不同的比例形成的。他是第一位严格强调实验条件重要性的化学家,也被认为是许多通用的实验技术和设备的创始者与发明人。

▶ 冶金学是什么?

冶金学是负责处理单一元素金属和多种元素混合金属 (被称作合金) 性质的科学分支。冶金学代表了人类在控制和理解物质的元素组成是如何影响其物理性质的最早期的一种努力。

▶ 什么是青铜?

青铜是一种铜锡合金,其中含有不超过三分之一的锡。早期文明中使用青铜,是因为青铜能够用于制造出比石制工具和纯铜工具更为坚固耐用的工具。

▶ 早期文明是如何获得青铜的?

从锡矿中开采出锡,通过一种叫作冶炼的方式提纯。提纯后,锡将按照合适的比例加入熔化的铜中来制造青铜工具或者青铜武器。

▶ 什么是炼铁?

炼铁是从矿石中提取纯净金属的方法,矿石是由金属和其他矿物质组成的岩石。在冶炼中,可能会利用化学反应改变矿石中金属氧化物的状态来提纯金属 (我们会在之后的章节中讨论氧化物状态)。在大约公元前 1000 年以前甚至更早的时期炼铁就出现了。通常,原料会在一种被称为锻铁炉的炉子中加热,这一过程会产生一种较软的可以塑形的铁质物;然后用锤子敲打来去除软铁中的杂质,最后让它硬化形成更为纯净的铁。

▶ 什么是陨铁?

"陨铁"就和它名字所代表的意思一样:它是来自陨石的铁。在早期文明中,陨铁是几种可以获得较为纯净的铁的方式之一 (在从铁矿石中提取纯铁的技术被发现之前)。陨石中的陨铁一般是镍铁合金。铁陨石通常有特殊的外观,它们普遍比其他的陨石更容易被认出来。因此,它们比其他陨石有更多机会被人类发现。实际上,人类发现的最大的陨石几乎都是铁陨石。

▶ 什么是炼金术?

炼金术是化学科学的最早实践活动,在某种意义上,它是现代化学的先驱。当然炼金术和现代科学在本质上还是不一样,炼金术根源于神秘学和唯心主义。使用炼金术的人被称作炼金术士。炼金术士的主要目的就是找到一种方法或者物质能够将廉价的金属变成金子,以及找到长生不老药,让人青春永驻。神话中一直讲述着这种药物的存在和其具有的神奇功效。炼金术士的寻找目标大多来自于这些神话故事。中世纪时,在世界上很多国家都可以找到炼金术士,而不同地方的炼金术士有着不同的信仰。在西方世界,直至18世纪,人们仍然在思考如何将金属变成金子。

▶ 何时炼金术士最终放弃了制造金子的尝试?

在18世纪晚些时候,一个名叫詹姆斯·普莱斯 (James Price) 的科学家仍然希望找到制造金银的方法。1782年,他宣称可以将水银变成金银。最初,他的实验似乎成功了,但对他的质疑迅速增多。越来越多的科学家要求亲眼观看实验,普莱斯最终对自己工作的合理性失去了信心。在消失了几个月后,他邀请科学家亲自到他的实验室见证他的实验。但是只有几位科学家到场。在他们在场的情况下,普莱斯自己吞下了毒药。他是最后一位宣称实现了炼金术目标的现代科学家。此后,再没有人相信可以找到一种简单的办法将廉价的金属变成金子。

▸ 魔法石是什么?

魔法石是炼金术士中的一个传说。据说魔法师能将廉价的金属变成金子,魔法石还能让人永葆青春,很多炼金术士一直孜孜以求。当然,这种石头从来没有被发现过 (至少在霍格沃茨学校[1]之外没有被发现过)。

▶ 药学是怎样创立的?

帕拉塞尔苏斯 (Paracelsus) 被认为是在医药中使用化学物质的第一人。在帕拉塞尔苏斯之前,人们相信疾病是由于人体中的不平衡所导致。希波克拉底[2] (Hippocrates) 认为疾病是因为四种体液不平衡 (血液、黏液、黄胆汁和黑胆

---

[1] 霍格沃茨学校是《哈利·波特》系列电影中魔法学校的名字。

[2] 希波克拉底 (约前460—前377),被西方尊为"医学之父"的古希腊著名医生,西方医学奠基人。

汁) 引起的。盖伦[1] (Galen) 发展了这一理念，将不同的症状归因于某种希波克拉底提出的体液不平衡。这些理论支持了包括放血疗法在内的一些医疗技术。帕拉塞尔苏斯则相信疾病是因为外界的某种东西攻击人体造成的，所以有可能被某些化学物质治愈。同时，他也提出了毒理学的基础理论，即一种物质的剂量大小决定了它是否有毒。

▶ 第一本化学教科书是怎样出版的？

尽管此前有许多的化学教科书，但由安德烈斯·利巴维乌斯[2] (Andreas Libavius) 于1597年出版的《化学》(*Alchemia*)，被认为是第一本系统阐述化学的教科书。利巴维乌斯1555年出生于德国哈雷市，是一位化学家和医生，后来还成为一位校长。除了这本值得介绍的教科书之外，利巴维乌斯在化学的历史上还有着其他方面的重要地位，他的深入研究使这一学科愈加远离魔术、神秘学和炼金术，更加适于教学，更加富于理性和科学性。

▶ 炼金术和化学的区别是什么？

这一个问题我们可以问问罗伯特·玻意耳[3] (Robert Boyle)，他在1661年出版了《怀疑派化学家》(*The Sceptical Chymist*)，他认为实验表明宇宙仅仅是由亚里士多德的五种元素构成的说法是不对的。玻意耳本人是一位炼金术士，他相信一种金属能够变成另外一种金属。但同时他又是科学方法的坚定支持者，推动了炼金术逐渐地向科学演进。所以我们可以说，炼金术是一种哲学，而化学是一门科学。

▶ 早期的化学和医药有什么联系？

很早的时候，世界各地的人们就发现某些种类的植物具有药用价值，尽管直到最近人们才开始试图仔细了解隐藏在这一现象后面详尽的化学机制。这些

---

[1] 盖伦 (约130—约200)，希腊解剖学家、内科医生和作家，其著作对中世纪的医学有决定性影响。

[2] 安德烈斯·利巴维乌斯 (约1555—1616)，是德国的医生、化学家。

[3] 罗伯特·玻意耳 (1627—1691)，英国著名的物理学家、化学家和自然哲学家。

植物作为药材有效的原因,主要是因为它们含有的某种化学物质,与人体内的化学物质产生了有益于人体的反应。

草药疗法是治疗各种疾病的自然疗法。这些传统的治疗方法通常可以追溯到几百年前,但在今天仍被广泛使用

▶ 什么是草药?

　　草药是任何用于治疗疾病、疼痛和不适的植物或植物提取液。它们包括食疗 (比如鸡汤用于普通感冒)、宁神类的萃取物 (比如薄荷茶),还有食用整株的草药。每一个早期文明似乎都发现过这些或者那些用作医药的植物。甚至早在五千年前,人类已经在使用草药,从保存完好的木乃伊冰人奥茨[1] (Otzi) 旁边找到的草药就是证据。

---

[1] 奥茨,是 5 300 年前的木乃伊,是世界上最古老的天然木乃伊。

▶ 草药是怎样被发现的?

如果我们真的有关于每一种草药是怎样被发现的传说,那么它们中的每一个都会是很独特很有趣的故事。可惜的是,使用植物作为药材的时间比有文字的人类历史早了好几千年。而最早的文字记录来自伟大的人类早期文明。

▶ 怎样制作草药?

有许多种方法可以制作草药。酊剂和"万能药"都是从植物中提取出来的草药,通常使用的溶剂是乙醇。如果提取一种植物时使用了醋酸,此种溶液就会被认为是"醋",尽管溶剂本身就是醋。也有用热水煎煮的方法来提取药物的,就像茶一样。

▶ 哪些草药直到今天人们还在使用?

阿司匹林和奎宁可能是最著名的由草药转变为主流药物的两个范例。许多现代的医药是从植物中分离出来的,但是,现在商业用途的医药通常是人工合成的。例如,紫杉醇 (Taxol®) 最初是从太平洋紫杉中分离出来的。1967年,这种化合物被发现对于多种癌症有效。在近30年的时间中,大多数用于治疗患者的紫杉醇都是从太平洋紫杉中分离出来的。20世纪90年代,研究发现了这种药物的替代生产方法,将这种自然药物转变成了现代合成药物。

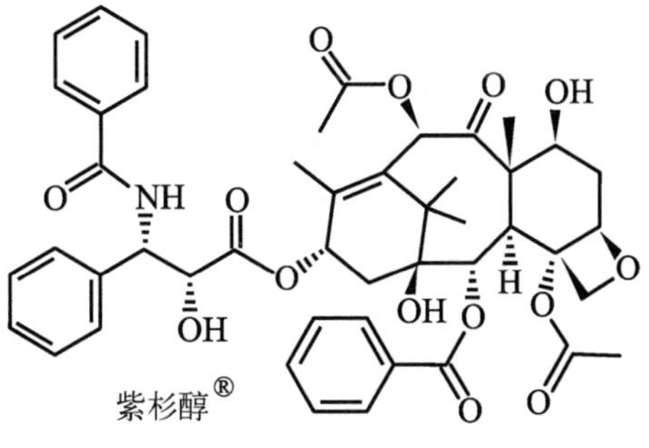

紫杉醇®

▶ 草药和现代医药有何不同？

现代医药通常只含有一种有效成分，或者最多几种。药丸中的其他成分用于辅助这些有效成分发挥效用。草药，因为它们是用活的植物制成的，所以它们含有很多种化学物质，尽管可能只有其中一种有效成分起到了作用。

▶ 在古代化学是怎样影响贸易的？

古代化学涉及许多重要贸易商品的生产。这些商品包括食盐、丝绸、亚麻染料、贵金属、酒和陶器。

▶ 火是什么？

火的化学描述是一种燃烧反应。它是氧气和某些可燃物分子发生的反应。火本身是由这种反应以热和光形式释放出来的能量。所以你看到的火不仅仅是光，还有灼热的气体。

在火柴和丁烷打火机被发明之前，人类能够使用燧石生火取暖和做饭。将两片燧石相互敲击引起火花，可以点燃火种

▶ 为什么打火石能引火？

几乎所有人都在电影中看到用火石引火的情节，你可能会想知道为什么会这样呢？原因是：火石是一块硬的石头，当它与金属比如钢撞击时会产生火星。火石的尖角会撞下来一块钢屑，这块钢屑由于火石的撞击变得灼热。当这块钢屑与空气中的氧气反应就会产生火星，火星能够引燃干燥的木头、纸或者其他燃料。

▶ 谁最早发现空气是有质量的?

数学家埃万杰利斯塔·托里拆利[1] (Evangelista Torricelli) 是记录中最早证明空气有质量的人。他的实验源于对矿井里水的观察,他注意到水只能被泵到某个高度,然后就无法再上升了。托里拆利猜想水面上的空气对于水有压力。为了证明这一理论,1643年他将一支试管装满水银封好后倒放在一碗水银中。他注意到空气的质量使得试管中的水银保持在某个高度,而且在不同的日子里,水银的高度也不尽相同。我们现在知道这是由于每天的气压都会发生变化,托里拆利的实验实际上制造了世界上第一个气压计。

▶ 谁最早发现氧气(O_2)对于燃烧是必不可少的条件?

生活在2世纪拜占庭的菲洛 (Philo) 是最早注意到 (至少是有记载的) 这一现象的。他发现,如果将一个罐子倒扣在蜡烛上,然后将罐子浸入水中,蜡烛在燃烧过程中会消耗氧气,当氧气用完了,蜡烛就会熄灭,水就会被吸入到罐子中。尽管这个实验设计得很巧妙,他最终却得出了一个不正确的结论。罗伯特·玻意耳重复了这一实验但是使用了一只老鼠代替蜡烛,试验发现容器中的水面依然会上升。从这一实验中,玻意耳正确地推断出不论空气中的这一成分是什么 (他称之为 "nitroaerues") ,都是呼吸和燃烧所必需的。或许是罗伯特·霍克 (Robert Hook) 和其他人在17世纪制造出了氧气,但是他们并没有意识到这是一种元素,因为当时的主流理论 (见下文) 是燃素理论。所以,要真正认识到氧气是燃烧所必需的条件,首先,我们必须得发现氧气。

▶ 什么是燃素理论?

1667年,约翰·约钦姆·贝歇尔[2] (Johann Joachim Becher) 提出了燃素理论用以解释科学家们观察到的燃烧现象。这些观察包括一些物品能够燃烧而另外一些不能,以及在一个密封的容器中可燃物质烧完之前火焰就会熄灭。贝歇尔

---

[1] 埃万杰利斯塔·托里拆利 (1608—1647) ,意大利物理学家、数学家。

[2] 贝歇尔 (1635—1682) 是17世纪德国的一位化学家,他提出燃烧是一种分解作用,动、植物和矿物等燃烧之后,留下的灰烬都是成分更简单的物质。

认为一种没有重量 (或者几乎没有重量) 的物质——燃素会在燃烧中释放出来。如果一支蜡烛在封闭的容器中熄灭,贝歇尔认为蜡烛中的燃素进入到空气中,封闭容器中的空气只能吸收一定浓度的燃素,当吸收的燃素到了极限时,空气就不能再从蜡烛中吸收更多的燃素。理论中另外一条原则是呼吸的目的是将身体中的燃素排出体外。曾用于燃烧的空气不能用于呼吸,因为空气中的燃素已经达到饱和了。

▶ 燃素理论是怎样遭到驳斥的?

安托瓦尼·拉瓦锡[1] (Antoine Lavoisier),18 世纪的法国化学家,是燃素理论的反对者,他证明燃烧需要气体 (氧气),而且这种气体有重量。拉瓦锡在封闭的容器中做了这个实验。这些固体变重了,但是整个容器的重量并没有增加——变化的是容器内的压力。当拉瓦锡打开容器时,空气涌进来,整个罐子的重量增加了。所以贝歇尔的理论刚好与事实相反:氧气被蜡烛用光了而不是火焰发出了燃素。

▶ 氧气最早是如何被发现的?

嗯,要回答这个问题,你需要首先知道谁第一个发现了氧气,而这个问题的答案并不简单。有三个人被认为是首先发现氧气的人:卡尔·威尔海姆·舍勒 (Carl Wilhelm Scheel),约瑟夫·普里斯特利[2] (Joseph Priestly) 和安托瓦尼·拉瓦锡。舍勒 1772 年从氧化汞中制造出氧气 (他把氧气称为 “火的气体”),但是直到 1777 年他才公布了这一发现成果。在此期间,普里斯特利 1774 年在类似的实验中制造出了氧气 (他把氧气称为 “去除了燃素的空气”),并在 1775 年公布了这一成果。此后,拉瓦锡宣称独立发现了这一气体,成为第一个在实际操作中通过量化实验解释了燃烧现象的科学家,并确立了物质守恒定律,最终推翻了燃素的整个理念。所以舍勒首先发现了氧气但是没有公布,普利斯特利首先公布了成果,但并没有正确解释。拉瓦锡是最后一位,但是他第一个得出了正确的结论。那么,你认为发现氧气第一人的荣誉应当归于谁呢?

---

[1] 安托瓦尼·拉瓦锡 (1743—1794),法国贵族,著名化学家、生物学家,被后人尊称为 “近代化学之父”。
[2] 约瑟夫·普里斯特利 (1733—1804),英国化学家。

▶ 什么是电化学，它是怎样被发现的？

现代电化学研究发生在电子导体和带电离子源 (可能是液体) 的界面间的反应。电化学的发展是在磁学、电荷和导电性的研究基础上发展起来的。早期的试验通常围绕材料的属性进行，例如，哪些材料能被磁化，哪些材料能够带电？早在1750年，科学家发现电信号对于人类很重要，并将电疗用于治疗肌肉痉挛。在18世纪的晚些时候，查利·库仑[1] (Charles Coulomb) 发现了不同电荷间的相互作用并给出了定律，直到今天这一定律仍被广泛使用，而且在所有电磁学的入门课程中都会教授这一定律。

最早的电化电池是在19世纪发明的。电化电池包括电极和离子源，离子源在电化反应中产生电流，或者利用电流来引起化学反应。如今这些电池在日常生活中应用广泛，例如车辆里面的电瓶和手机中的电池。今天，电化学仍然是一个重要的研究领域，也在继续产生新的产品和技术。

▶ 什么是定比定律？

定比定律，即每一种化合物，不论它是天然存在的，还是人工合成的，也不论它是用什么方法制备的，它的组成元素都有一定的比例关系。例如，水分子 (H_2O) 总是包括两个氢原子和一个氧原子。虽然这一点是所有的现代化学家都知道的常识，但却是在微观层面上理解物质组成的重要一步。在19世纪早期，法国化学家约瑟夫·普鲁斯特[2] (Joseph Proust) 提出了这一定律。当时这一观点引发了许多争议，有些化学家认为元素可以任意比例组合。

▶ 什么是阿伏伽德罗常数 (Avogadro's constant)？

阿伏伽德罗常数是一个巨大的数值，当化学家探讨他们看到的或者测量到的巨大的分子或原子数目时，经常会使用它。它在小数点后三位四舍五入的数值是：6.022×10^{23}。它是一个巨大的数值，用于将一种原子或分子质量与许多原

---

[1] 库仑 (1736—1806)，法国物理学家、军事工程师、电力学奠基人。于1785年推导出静止点电荷间相互作用的定律，因此这条物理学定律被称为库仑定律。

[2] 约瑟夫·普鲁斯特 (1754—1826)，法国化学家，其最大贡献是确立了定比定律。

子和分子组合的质量联系起来。每摩尔物质含有阿伏伽德罗常数个粒子。例如氧气中的氧原子重量是每摩尔16克，也就是说6.022×10^{23}个氧原子的重量是16克。最近(最精确)的定义数值是$6.022\ 141\ 79 \times 10^{23}$，这是通过仔细计量1千克(约2.2磅)硅28的质量和体积的结果。硅28是一种特殊的硅的同位素(参见下一章关于同位素的内容)。

▶ 阿伏伽德罗常数是什么时候被发现的?

阿莫迪欧·卡洛·阿伏伽德罗(Amedeo Carlo Avogadro)在1811年公布了一份研究报告，描述了他关于在给定的压力和温度下，一升气体中所含的原子或分子的数量，不论这气体是何种气体。但是，阿伏伽德罗并没有实际上确定这一数值。五十年之后，有人在测量这一数值方面取得了进展：1865年，约翰·约瑟夫·洛施米特[1] (Johann Josef Loschmidt)估计出空气中分子的平均大小。他的估算结果令人吃惊，因为计算结果的误差已经非常小了。法国物理学家佩兰[2] (Jean Perrin)使用几种方法精确地确定了这一常数。他在1926年获得了诺贝尔物理学奖，但是佩兰建议常数以阿伏伽德罗的名字命名——并且一直沿用下来。(如果想了解更多关于该常量的内容，请参阅"原子和分子")。

▶ 为什么化学是"中心科学"?

化学被称作"中心科学"，是因为它与所有的事物相关! 它与生物、物理、材料科学、数学、工程学以及其他学科关系密切，并且从这些学科中获取研究主题。化学对于我们身体的机能、我们吃的食物、药物如何发挥作用，甚至对我们生活中所有的事物都有着极为重要的作用。希望读完这本书后，你会对我们的这一结论表示赞同!

---

[1] 约翰·约瑟夫·洛施米特(1821—1895)，奥地利化学及物理学家。
[2] 佩兰(1870—1942)，法国物理学家、化学家。

二 原子和分子

原子的结构

▶ 什么是原子?

原子是形成所有物质最基础的积木。原子 (Atom) 这个词来源于希腊单词 "Atomos", 含义是 "不可分割的"。一种基础的、不可分割的物质颗粒即原子的存在, 在现代化学和物理学产生之前就已经被提出来了。实际上, 原子是由更小的微粒组成的。但是原子是确定一种元素的最基本单位。组成原子的更小的微粒包括带正电的质子、不带电的中子和带负电的电子。

▶ 什么是电子?

电子是带负电的组成原子的微粒, 它是组成原子的主要的三种微粒之一 (其他两种是质子和中子)。电子将原子们连接在一起组成分子, 它们也是你每天使用的导体材料中电荷的携带者。质子和中子都是在原子的中心即原子核里发现的。而电子在原子核之外, 最恰当的描述是它们形成了电子云。大多数的化学反应都与电子的排列变化相关。

▶ 什么是质子?

质子是带正电的组成原子的微粒。它们比电子重很多 (大约重 1 836 倍），携带一个电量与电子相等的正电荷。每一个原子核中都存在质子，质子的数量决定了原子的化学属性（也就是说，决定了它是什么元素）。

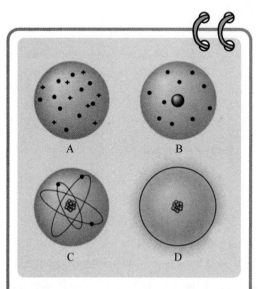

原子理论模型随着时间的推移不断演进：A 为汤姆森模型（正电荷与负电荷的粒子的一种混合物）；B 为卢瑟福模型（电子环绕在正电荷原子核周围）；C 为玻尔模型（电子遵循固定的轨道环绕着原子核）；D 为量子力学模型，基于这种理论，人们只能确定一个电子所在位置的概率

▶ 什么是中子？

中子是另外一种主要的原子中原子核的组成微粒（另外一种是质子）。中子不带电，重量和质子接近。同一元素的原子如果有不同的中子数，通常在化学反应中的性质仍然一样。质子和中子实际上是由更小的微粒组成的，但是化学通常不会涉及这些更小的微粒。

▶ 早期的原子模型有哪些？

实验表明原子是由更小的微粒组成的。实验结果推动了包括质子、中子和电子在内的新模型的发展。其中之一是汤姆森[1]的葡萄干布丁模型，将原子描述为带正电的"布丁"里面放上了带负电的电子。卢瑟福[2]之后提出了带正电的原子核，但是不能够解释为什么电子不会掉入原子核中。丹麦物理学家尼尔斯·玻尔[3]提出了电子在特定的轨道上围绕原子核运动的理论，这和现代的理论非常接近。

---

[1] 约瑟夫·约翰·汤姆森（Joseph John Thomson，1856—1940），著名的英国物理学家，以其对电子和同位素的实验著称。

[2] 欧内斯特·卢瑟福（Ernest Rutherford，1871—1937），新西兰著名物理学家，被称为"原子核物理学之父"。学术界公认他为继法拉第之后最伟大的实验物理学家。

[3] 尼尔斯·亨利克·戴维·玻尔（Niels Henrik David Bohr，1885—1962），丹麦物理学家。

▶ 科学家是怎样确定原子由电子、中子和质子组成的?

最初,原子被认为是最小的物质单元,但在19世纪后期科学家们通过实验终于深入了解了原子的内部。此类早期实验中有一些是由英国物理学家汤姆森进行的,同时他也是电子的发现者。他注意到射线 (实际上是电子射线,尽管当时他并不知道) 是因为带电的金属板发生了偏转。他认为这些射线中一定含有带电的粒子,并且它们比原子小很多。

汤姆森带领的第一个毕业生,欧内斯特·卢瑟福继续研究原子的本质。在20世纪早期,卢瑟福进行了一个现在非常著名的实验:让放射性的粒子穿射过一张非常薄的金箔。实验中,有些粒子被原子核反弹到不同的方向,但是大多数的粒子穿过了金箔,没有发生偏转。卢瑟福认为这表明组成金箔的原子间一定有很大的空隙。在他的职业生涯中,他研究出了原子的图形,带正电的中心被电子环绕,他也提出一定有不带电的粒子 (中子) 来解释同一元素的不同同位素。

▶ 现代的原子模型是怎样的?

现代的原子模型包括带负电的电子,它们围绕带正电的原子核运行。原子核包括质子和中子,质子和中子紧密地结合在一起,它们之间的结合力非常强。环绕运行的电子就像环绕着原子核的云层,而且我们也不能确定在一个给定的时刻电子的位置。电子的重量和原子核相比非常轻,并且它们运行的速度要快很多。

▶ 原子中有多少空间?

原子中的空间很大。实际上,原子中超过99.9%的部分是空的!虽然质子、中子和电子小得令人难以置信,但原子则具有相对而言非常大的体积,因为电子分散在原子核的周围,形成了环绕原子核的电子云。

▶ 什么是原子的质量单位?

一个原子的质量单位是 1.66×10^{-27} 千克,大约是一个质子或者中子的质量。这些单位使用起来很方便，因为在用原子质量单位表述原子的质量时，它们质量的值往往都是整数。元素周期表中的值就是用原子质量单位表述的。

▶ 什么是同位素?

同位素是有着相同的质子和电子数，但是中子数量不同的原子。由于质子和电子的数量实际上决定了原子的反应活性，同位素基本化学性质相同，而且属于同一元素。但它们具有不同的质量，因为它们有着不同的中子数。

一种元素的同位素通常在自然界中有着相对固定的比例。但是在某些情况下，这一比例取决于它们所处的环境和分子。例如碳元素通常有6个质子、6个中子和6个电子 (根据原子核中的微粒数称作碳-12)。有一小部分碳元素有6个质子、7个中子和6个电子 (碳-13)。大约99%的碳原子有6个中子，但剩余1%大部分是7个中子。

下表列出了常用元素同位素的丰度。

元素	符 号	名义质量	实际质量	丰度（%）
氢	H	1	1.007 83	99.99
	D或^{2}H	2	2.014 1	0.01
碳	C	12	12	98.91
		13	13.003 4	1.09
氮	N	14	14.003 1	99.6
		15	15.000 1	0.37
氧	O	16	15.994 9	99.76
		17	16.999 1	0.037
		18	17.999 2	0.2
氟	F	19	18.998 4	100
硅	Si	28	27.976 9	92.28
		29	28.976 5	4.7
		30	29.973 8	3.02

元素	符号	名义质量	实际质量	丰度（%）
磷	P	31	30.973 8	100
硫	S	32	31.972 1	95.02
		33	32.971 5	0.74
		34	33.967 9	4.22
氯	Cl	35	34.968 9	75.77
		37	36.965 9	24.23
溴	Br	79	78.918 3	50.5
		81	80.916 3	49.5
碘	I	127	126.904 5	100

反应活性和元素周期表

▶ 三耦律是什么？

一位名叫德贝赖纳[1]（Johann Döbereiner）的科学家发现了一组元素反应活性的规律。某组三元素，例如锂、钠、钾有着相似的化学属性。而且德贝赖纳注意到最重原子和最轻原子的平均质量就是质量居中原子的质量。例如，锂和钾原子质量的平均值是 (3+19) /2=11，就是钠原子的质量。根据每个元素不同数量的中子和存在的不同同位素，这一定律并不总是有效。但是它基本上有效，特别是对轻一些的元素。原因我们会在随后的问题中解释，这一规律在元素周期表的结构上发挥了重要作用。

---

[1] 德贝赖纳，德国化学家。1780年12月13日生于巴伐利亚的霍夫，1849年3月24日卒于图林根的耶拿。

▶ 元素八音律是什么?

元素八音律是英国化学家纽朗特[1] (John Newlands) 提出来的。他注意到当元素按照质量升序排列时,具有相似性质的元素每隔八个元素出现。这一规律被称作"元素八音律",借用了音乐中的八音律的说法。这是科学家首次注意到了在元素的质量和元素化学性质的重复特征之间的相互关系。这一周期律在化学家对于原子的结构有了更深入的了解后,得到了更加细致的解释,元素八音律在设计我们今天使用的元素周期表的过程中发挥了关键作用。

▶ 现代化学元素周期表是怎样产生的?

法国地质学家贝吉耶·德·尚古尔多阿[2] (Alexandre Béguyer de Chancourtois) 是史上有记载的首先将所有元素按照原子质量升序排列的人。他的初稿中包括六十二种元素,它们按照列排序,围绕在一个圆柱的周围。但是这一初稿有不少问题有待后来者改进。纽兰兹则将这一进展推进了一步,将具有相似性质的元素按照列排序,使这一图表更加接近今天化学家使用的元素周期表。

现代的化学元素周期表是由俄国科学家迪米特里·门捷列夫[3] (Dmitri Mendeleev) 于1869年提出的。他的元素周期表首次将元素按照原子质量升序排列,并将有相似性质的元素放在同一列中。表上的元素显示出周期重复,实际上与元素八音律一致,因此得名为"元素周期表"。门捷列夫的元素周期表保留了一些空白处,这样保证列中的元素按照相应的化学活性排在合适的位置上。随着更多的元素被发现,这些空白处最终得以填满,验证了门捷列夫元素周期表的正确性。

---

[1] 纽兰兹 (1837—1898),英国分析化学家和工业化学家。

[2] 贝吉耶·德·尚古尔多阿 (1820—1886),法国地质学家。

[3] 迪米特里·伊万诺维奇·门捷列夫 (1834—1907),俄国化学家。

▶ 地球上哪些元素的丰度较高?

元素	丰度 (百万分之一的原子分数)
氢	909 964
氦	88 714
氧	477
碳	326
氖	102
氮	100
硅	30
镁	28
铁	27
硫	16

▶ 什么是元素周期表中的不同元素组?

元素周期表上元素的分类存在多种方式。一种是根据周期,按照横排,元素的性质从左到右依次变化。另外一种是按列分组,按照周期表上的竖列分组。在同一组中的元素会有相似的化学性质,这就是周期的含义,最初在元素八音律中提出来,也是元素周期表命名的原因。

还有一种分组方式是按块来分,就是说按照最高能量电子所处的运行轨道来分类(见下页图)。这种分类的逻辑是最高能量电子所处的轨道会强烈地影响到元素的化学活性。因此,在同一区块中的元素通常有相似的性质。还有更多的方式来对周期表中的元素进行分组,但这三种是最常用到的。

▶ 什么是科学计数法?

科学计数法是一种常用的表示大数字的方法。数字被写成一个小数和10

元素周期表

族\周期	IA	IIA	IIIB	IVB	VB	VIB	VIIB	VIIIB			IB	IIB	IIIA	IVA	VA	VIA	VIIA	VIIIA
1	1 氢																	2 氦
2	3 锂	4 铍											5 硼	6 碳	7 氮	8 氧	9 氟	10 氖
3	11 钠	12 镁											13 铝	14 硅	15 磷	16 硫	17 氯	18 氩
4	19 钾	20 钙	21 钪	22 钛	23 钒	24 铬	25 锰	26 铁	27 钴	28 镍	29 铜	30 锌	31 镓	32 锗	33 砷	34 硒	35 溴	36 氪
5	37 铷	38 锶	39 钇	40 锆	41 铌	42 钼	43 锝	44 钌	45 铑	46 钯	47 银	48 镉	49 铟	50 锡	51 锑	52 碲	53 碘	54 氙
6	55 铯	56 钡	*	72 铪	73 钽	74 钨	75 铼	76 锇	77 铱	78 铂	79 金	80 汞	81 铊	82 铅	83 铋	84 钋	85 砹	86 氡
7	87 钫	88 镭	**	104 鑪	105 𨧀	106 𨭎	107 𨨏	108 𨭆	109 鿏	110 鐽	111 錀	112 鎶	113 Uut	114 鈇	115 Uup	116 鉝	117 Uus	118 Uuo

*镧系

57 镧	58 铈	59 镨	60 钕	61 钷	62 钐	63 铕	64 钆	65 铽	66 镝	67 钬	68 铒	69 铥	70 镱	71 镥

**锕系

89 锕	90 钍	91 镤	92 铀	93 镎	94 钚	95 镅	96 锔	97 锫	98 锎	99 锿	100 镄	101 钔	102 锘	103 铹

的幂的乘积形式。

▶ 元素周期表中的数字代表什么意思?

元素周期表在格子中列出元素,包括元素名称、原子序数、化学符号和原子量 (质量根据自然界中不同同位素的质量平均后得到的数)。一个典型的元素在元素周期表中是这个样子的:

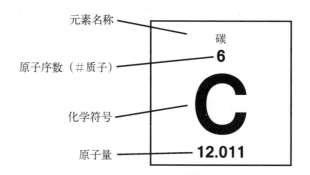

▶ 一共有多少种元素? 还会发现更多元素吗?

到本书出版为止,一共发现了118种元素。最轻的元素氢,只有一个质子,原子质量是1.007 94克/摩尔。最重的元素是氢,有118个质子,唯一的一个同位素原子的质量是294。2000年又发现了5种新的元素,看起来还有可能发现更多的新元素。不过发现新的元素或者合成新的元素,对于科学家而言是越来越困难;因为目前观测到的最重的那些元素通常都非常不稳定而且衰减得特别快。

▶ 元素是怎样命名的?

元素的名字常常有着很有趣的起源。它们根据人名、地点、颜色、神话中的动物,或者其他种种理由来命名。有一些以科学家的名字命名,例如锔,以研究放射性的科学家玛丽·居里 (Marie Curie) 和其丈夫皮埃尔·居里 (Pierre Curie) 命名;铹,因美国科学家劳伦斯 (Ernest Lawrence) 而得名;镄,源于葛兰·希柏

格 (Glenn Seaborg)；钔，因迪米特里·门捷列夫而得名；锿，因阿尔伯特·爱因斯坦 (Albert Einstein) 而得名；𬭛，因尼尔斯·玻尔 (Niels Bohr) 而得名。也有以地点命名的，比如镥源自希腊文"巴黎"；铜和锫源自"伯克利 (Berkeley)""加利福尼亚 (California)"；镅源自"美国 (America)"；𬭶源自俄罗斯地名杜布纳 (Dubna)；镖源自德国地名黑森州 (Hessen)；钇、铽、铒和铽则源自瑞典地名伊特比 (Ytterby)。

钽 (源自坦塔罗斯[1])、铌 (源自尼俄伯[2])、𬬻 (源自普罗米修斯[3])、铀 (源自优利纳斯[4])、镎 (源自尼普顿[5])、钚 (源自普鲁托[6])、钯 (源自帕拉斯[7])、铈 (源自赛尔斯[8]) 都源自神话故事中的人物。

尽管元素在不同的国家取了不同的名字，大家公认的是由国际纯粹与应用化学联合会[9][International Union of Pure and Applied Chemistry (IUPAC)]上达成一致并分配的名字。

原子和原子中电子的特性

▶ 原子和我们肉眼能够看见的东西相比有多大？

人们肉眼能够看见最小的东西大约是0.1毫米，即10^{-4}米，原子的大小是在10^{-10}这个数量级上，大约比人们肉眼能看到的东西小一百万倍。

[1] 坦塔罗斯 (Tantalus)，希腊神话中坦塔罗斯是宙斯的儿子，他统治着吕狄亚的西庇洛斯，以富有而出名。

[2] 尼俄伯 (Niobe)，希腊神话女性人物之一，坦塔罗斯和底比斯国王安菲翁的妻子所生的女儿。

[3] 普罗米修斯 (Promethius)，希腊神话中最具智慧的神明之一，最早的泰坦巨神后代，名字有"先见之明"的意思。

[4] 优利纳斯 (Uranus)，希腊神话中最早的至上之神，是天的化身，是大地女神的儿子和配偶。

[5] 尼普顿 (Neptune)，罗马神话中的海神。

[6] 普鲁托 (Pluto)，罗马神话中的冥王。

[7] 帕拉斯 (Pallas)，希腊神话中的雅典娜，希腊的智慧女神。

[8] 赛尔斯 (Ceres)，希腊神话中负责谷物丰饶的女神。

[9] International Union of Pure and Applied Chemistry (IUPAC)，国际纯粹与应用化学联合会，是一个致力于促进与化学相关的非政府组织，也是各国化学会的一个联合组织，是公认的化学命名权威。

▶ 能够分割原子么?

分割原子是有可能的。当人们说分割原子的时候,其实是分割原子的原子核。一种分割原子核的方式是"裂变",在比较重的元素中会自发发生。自发的裂变基本上包括原子核发射出一个包括一个或多个质子/中子的微粒。最常见的微粒是 α 粒子,它包括两个中子和两个质子。无论原子核中的质子数变动了几个,它都会变成另外一种物质。

原子核也可以在实验室中人为进行分割。由于原子核结合得非常紧密,所以通常需要高能粒子撞击原子来撞裂它。典型的方法是用高能中子来启动裂核过程。这一过程会导致能量释放,所以一旦一个原子核被分割,它分割出来的物质就会让反应持续下去。这被称作连锁反应,这一反应可以应用于核反应堆中产生能量 (如果反应的速度比较慢) ,或者爆炸现象中 (如果反应的速度很快) 。

▶ 元素能转变成另外一种元素么?

有可能将一种元素的原子变成另外一种元素原子。一种方式是通过裂变反应,原子核失去一个或者多个质子。此外,两个原子核结合成一个更重的原子核也是有可能的,这一过程则被称作聚变。裂变和聚变都能产生新的原子,原子中含有与反应前的原子不同数量的质子。但是这些过程在实验室中很难控制。所以化学家和科学家只是在某几个应用领域,比如能源生产方面的研究领域,投入大量的时间。

▶ 什么是原子轨道?

原子轨道是数学或者图形方式描绘的电子在原子中的位置。电子是不太容易理解的微粒,因为它们的位置不容易被确定。它们可以被想象成环绕着原子核的带负电的电子云,原子轨道描述了这些云的形状。原子轨道可以有不同的形状和大小,但是在本质上每个元素的原子轨道都和相邻元素的原子轨道非常相似。容纳原子轨道的数量和类型在确定原子的性质时起到了关键作用。

▶ 每条轨道能容纳多少电子?

每条原子轨道都能容纳最多两个电子。电子有一种叫作自旋角动量的属性,这种属性可以容纳两个相反信号的不同值。这样,在同一条轨道上的电子就必须拥有相反的自旋角动量。这个是物理学中泡利不相容原理[1] (Pauli Exclusion Principle) 所获得的结论。

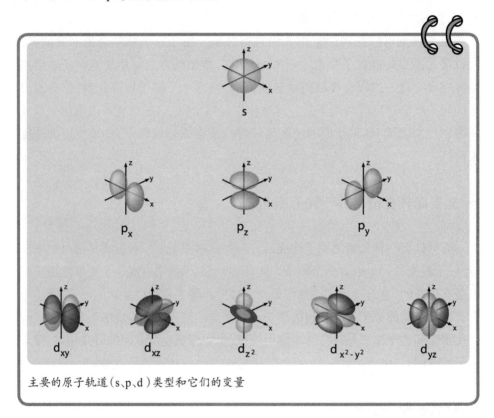

主要的原子轨道(s、p、d)类型和它们的变量

▶ 原子轨道看起来是什么样子?

大多数的化学中主要用到四种形态的轨道,这些轨道被称作 s, p, d 和 f[2] 轨

---

[1] 泡利不相容原理又称泡利原理、不相容原理,是微观粒子运动的基本规律之一。它指出:在费米子组成的系统中,不能有两个或两个以上的粒子处于完全相同的状态。

[2] 原著中似乎漏掉了 f 轨道——译者注。

道。这四个单词分别代表锐系 (sharp)、主系 (principle)、漫系 (diffuse) 和基系 (fundamental)，这些词汇在早期探索原子结构的实验中具有特殊的重要性。你可以在前一页的图中了解这些轨道看起来是什么样子。

这些轨道的形状是由它们的轨道角动量确定的，轨道角动量是描述电子环绕原子核运动的一种特性。

▶ 什么是电子的价电子层？

电子"一层层"地填满轨道。在最里面一层中只有一条S形轨道，可以容纳两个电子。下一层由一条S形轨道和三条P形轨道组成，可以容纳八个电子。越高层轨道越多，因此也就可以容纳更多的电子。价电子层是最高一组被电子充满或者部分充满的轨道。

▶ 什么是原子的原子半径？

原子的原子半径是两个由化学键联系在一起的相同元素原子间距离的一半。理所应当，这个距离非常短。氢元素，最小的原子，原子半径是0.37埃[1]，即 3.7×10^{-11} 米。

▶ 原子的原子半径在元素周期表中是怎样变化的？

原子的原子半径通常在一个周期中从左往右减少，在一个元素组中则从上往下增加 (见下页图)。

同一元素组中的原子半径逐渐增加很好理解，额外增加的电子层层壳必须环绕内部的电子层，从而增加了原子半径。尽管原子核中的质子数量在元素组中从上往下会增多，但内层电子会抵消原子核对于价电子层的吸引力，从而增加整个原子半径。

在一个周期中从左往右移动，质子数量增加，从而对于价电子层电子的吸引力增加。在一个周期内的元素中，同一价电子层中电子数目增多，来自原子核的吸引力增强，价电子层更加紧密，从而使原子半径变小。情况会因为最右边的

---

[1] 长度单位，以瑞典光谱学先驱埃斯特朗 (Angstrom) 命名。

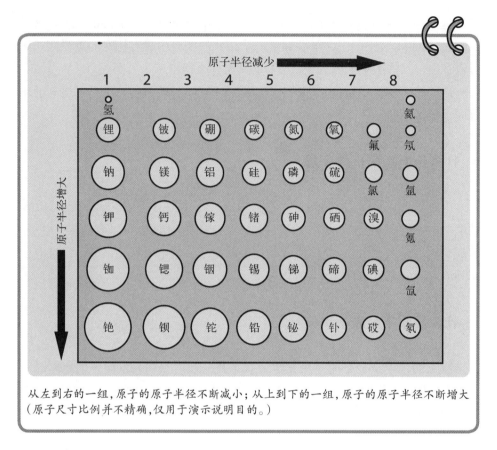

从左到右的一组，原子的原子半径不断减小；从上到下的一组，原子的原子半径不断增大（原子尺寸比例并不精确，仅用于演示说明目的。）

元素组（惰性气体）而变得复杂，不过这些元素的原子半径通常不太重要，因为它们很少会与其他原子形成化学键。

▶ 什么是原子的电离能？

原子的电离能是原子在失去一个电子时所需的能量。这一过程原子失去了一个电子，于是与电子的数量相比，原子中会有多余的质子，从而产生了正电离子，也叫阳离子。电离能可以被认为是衡量原子中将电子束缚在原子中的力有多大。通常而言，电离能在一个周期的元素中，从左向右增加（尽管会有些例外），因为增加的质子能够更好地吸引价电子层的电子。电离能在同一元素族中从上往下减少。因为价电子离原子核更远，从而原子核的吸引力减弱。注意到原子半径的趋势和电离能的趋势同向变动——原子越大，电离能越小。

▶ 什么使得电子不会撞上原子核？

异性相吸，所以电子和质子相互吸引；但这样就很难解释为什么电子不会尽可能地靠近原子核并最终撞上它。因此回答这个问题的关键就在于电子是很小很小的颗粒这一点上。它们的运行规律和大物体的运行规律不一样。我们之前曾经讨论过，电子最好被想象成是围绕着原子核带负电的电子云。它们的性质由描述整个云的规律所决定，而不是由单个粒子决定。实际上，电子在原子核周围分散开来，不集中在一起会更好一些。原因在此我们就不具体探讨了。当电子云越来越靠近原子核并越来越密时，与它活动相关的能量（动能）开始增加，从而使得整个状态不稳定。在电子距离原子核的远近和稳定性之间需要达到一个平衡（合适的正负电吸引力），这与电子云散布开来相关（从而保持动能较低）。这样就避免了电子被吸引得离原子核太近或者直接撞上原子核。

分子和化学键

▶ 什么是分子？

分子是由化学键联系在一起的原子组成的。分子是表现出一种物质性质的最小单位。将分子中的原子分开将会改变物质的性质。

▶ 什么是取代基？

取代基是一个原子，或者是一组原子，它附在分子的某个特定位置上。例如，在3–溴代戊烷（见下图）中，我们可以说溴是第三个碳原子的取代基。

```
     H   H   Br  H   H
     |   |   |   |   |
 H — C — C — C — C — C — H
     |   |   |   |   |
     H   H   H   H   H
```

▶ 什么是化学键?

化学键是在共享电子密度时,通过相互吸引将原子聚在一起。最简单的连接方式是两个电子在原子核间共享,从而达到8个价电子的稳定状态(或者是2个,如果是在两个氢原子H—H的情况下)。当两个原子共享两个电子时,这种原子间的联系被称为单键。

化学键将原子聚集在一起,通常情况下它们不太容易断开。分子中的原子排列决定了化合物的属性。断开化学键的反应是化学反应,它将一种化合物变成另一种化合物。

▶ 能把化学键想象成原子间的弹簧么?

化学键可以被想象成将原子连接在一起的弹簧。当原子从它们的平衡位置被拉伸或者压缩时,这一连接会将两个原子拉回来或者避免它们靠得太近。对于较小的变形,这一连接的作用从物理角度而言非常近似于连接两个物体的弹簧。这种将化学键比作弹簧的模型,对于了解化学键是怎样在分子里面连接原子非常有用。

▶ 什么是路易斯结构(Lewis Structure)?

路易斯结构是一种简明的描述分子和原子中电子结构的方法。它向我们展示了哪些原子在分子中联结在一起,也表明了在每一个原子中有多少未成对的电子处在价电子层。为了用最简单的方式来弄明白这一结构,我们还是看看一些具体例子吧。

最简单的路易斯结构是单个氢原子的结构。它只有一个电子,它的路易斯结构如下:

$$H \cdot$$

让我们看看分子的路易斯结构,比如F_2:

$$\ddot{\underset{\cdot\cdot}{F}} - \ddot{\underset{\cdot\cdot}{F}}$$

这两个 F 表示有两个氟原子,中间的连接线表明它们有一个单化学键 (包含两个电子),每个原子周围另外有六个电子,这些电子是非成键电子。

最后,让我们看看有多个化学键的分子 CH_2O:

这个分子被称作甲醛。路易斯结构告诉我们碳原子分别与两个氢原子形成单键 (共享两个电子),和氧原子形成双键 (共享四个电子)。氧原子也有四个非成键电子。

▶ 什么是"稳定结构"(Stable Octet)?

"稳定结构"描述了当价电子层实际上含有八个电子时,分子中的原子达到了最稳定的状态。八个电子包括非成键电子和原子间形成化学键的电子。分子在每个原子的价电子层包含有八个电子时达到最稳定的状态。在路易斯结构中,比如 F_2 和 CH_2O (参见前一问题),我们可以发现氟、碳和氧气原子周围都有八个电子。因为氢原子在元素周期表第一行,价电子层只有一条轨道,所以它们只需要两个电子 (单键) 来达到相应的稳定结构。

▶ 什么是电负性?

电负性是描述原子在化学键中吸引电子的特性。电负性越高的原子,吸引与其他原子共享化学键中的电子密度的力量越大。关于电负性的等级和定义不尽相同,我们的描述依据莱纳斯·鲍林[1] (Linus Pauling) 的方法,他的方法是化学中应用最广泛的等级体系。电负性最适合用原子中的质子数量以及它的价电子云与原子核的距离来表述。作为普遍的规律,电负性最强的原子是那些价电子层和原子核之间距离最短的原子。电负性不是一个可以直接量化的物理量,

---

[1] 莱纳斯·卡尔·鲍林 (1901—1994),世界著名的化学家,是量子化学和结构生物学的先驱者之一。

但是根据其他可以衡量的物理量可以推断出这一属性的不同等级。

▶ 什么是极性，它与分子结构有什么联系？

极性与分子中电子密度排列的对称性相关。极性分子有着净偶极矩，也就是说电子密度在各个方向上不是对称分布的。非极性分子的电子密度分布是没有净偶极矩的。通常，这并不意味着非极性分子的电子密度是均匀分布的，而是说在每个化学键中，不均匀共享的电子产生的偶极矩相互抵消，从而在任何方向上都没有不对称的电子密度存在。

▶ 什么是分子电荷？

分子的电荷数是由分子中所有质子和电子的数量决定的。如果质子数多于电子数，分子带正电；如果电子数多于质子数，分子将带负电。分子有相同的电子和质子数目时是中性的，不带电。

▶ 形式电荷是怎样不同的？

形式电荷是由分子中的单个原子赋予的。形式电荷是将键合电子的半数分别归属各键合原子，而不考虑不同的元素。教科书通常采用这种深奥的表述，同时也会使用等式（这样会容易理解一些，对吧？），等式形式如下：

形式电荷 = 元素组数 − 非成键电子数 − $\frac{1}{2}$ 成键电子数。

还是让我们来举例解释，先看看一氧化碳：

$$:C \equiv O:$$

碳位于元素周期表的第四族；它有两个非成键电子（图中的两个点），同时有三个化学键，一共有六个成键电子。所以形式电荷是 $4-2-\frac{1}{2}(6)$，结果是 -1。氧处于元素周期表第六族，也有同样数量的非成键电子和非成键电子数。因此，氧的形式电荷数是 $6-2-\frac{1}{2}(6)$，即 $+1$。一氧化碳没有净（总）电荷［因为 $1+(-1)=0$］，但是单个原子存在形式电荷。

▶ 什么是库仑定律?

库仑定律告诉我们在一点分开的电子间的作用力。它是静电学的基础等式,静电学是关于静止电荷间的相互作用的广泛的研究领域。关于作用力的等式可以写为:

$$F = \frac{q_1 q_2}{r_{12}^2} 。$$

电荷 q_1 和电荷 q_2 距离为 r_{12},并且有"一个单位电荷",单位电荷的定义为:

$$q_i = \frac{z}{\sqrt{4\pi\varepsilon_0}} ,$$

其中 z 是库仑定律中的电荷, ε_0 是自由空间中的介电常数,是一个基础的物理常量。

库仑定律的重要特点是它预测了带有不同电荷的微粒间的引力会随着微粒间距离的平方根值减少。对于化学而言,这种作用力随着距离增大缓慢减少这一点很重要,所以当电荷处于相对密度大的物质中 (例如水和固体中) ,它们对于所处的环境会有重要影响。

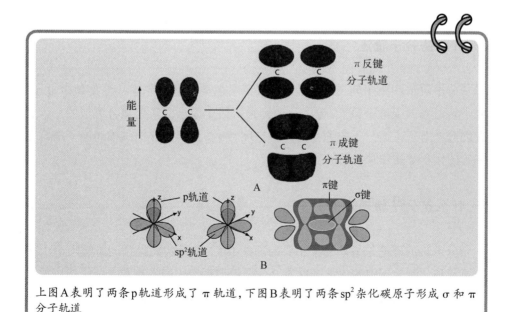

上图 A 表明了两条 p 轨道形成了 π 轨道,下图 B 表明了两条 sp² 杂化碳原子形成 σ 和 π 分子轨道

▶ 什么是介电常数?

一种物质的介电常数表明了在多大程度上,它可以保持绝缘或者不受电场作用的影响。有着较高介电常数的物质会在物质内部屏蔽电荷作用,而有着较低介电常数的物质允许电荷作用表现得更加明显。在含有粒子的溶液中,溶液的介电常数将决定溶液中的分子会在多大程度上受到电荷作用的影响。

最低的介电常数存在真空中,因为没有物质来屏蔽电场。

▶ 什么是价键理论?

价键理论是解释分子中联结关系的两大理论之一(另外一个是分子轨道理论)。价键理论解释了如何形成化学键,描述了原子在形成化学键时,单个原子的原子轨道是如何相互作用的。基本的理念就是适合的轨道与另外一个原子的轨道紧密地重叠形成了最强化学键。今天,由于分子轨道理论越来越受到重视,基于原子轨道的化学键成键的价键理论已经不那么流行了。

▶ 什么是分子轨道?

分子轨道和原子轨道不同,分子轨道中包含有数个原子甚至是整个分子。原子轨道来源于单个原子,分子轨道则是由数个原子的轨道组合形成的。因为它们允许电子占据分子中原子之间的空间,所以它们能够提供描述原子结合在一起的化学键的非常有用的信息。

▶ 什么是分子轨道理论?

分子轨道理论是另外一种主要的理论(第一种是我们提到的价键理论),用于解释和预测分子中的化学键性质。分子轨道理论用散布在数个原子周围的分子轨道描述了成键反应,这使得电子的位置可以用将原子连接在一起的轨道来描述。这种理论比价键理论更加接近实际情况。

▶ 什么是分子的共同结构/几何图形?

化学研究从几何学相关性质的知识中获益匪浅,特别是分子的对称性。为了了解分子的形状,有必要了解一下化学中常用的几何知识。

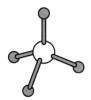

一种经常碰见的几何形状是四面体。甲烷的分子式是CH_4,分子是一个四面体,每一对碳氢键的角度大约是109度。

线型的几何图形也比较常见。二氧化碳的分子式是CO_2,碳氢键的角度是180度。

最后一种几何图形是平面形状。分子式BH_3提供了一个平面形状的例子。在这一个例子中,硼氢键的角度是120度。也有其他平面分子在一个平面中有四个化学键,在这种情况下,化学键间的角度是90度。

▶ 分子有多大?

分子的大小差异很大。最小的分子只有两个原子,这种二原子分子的长度大概是组成分子的原子半径之和。最小的分子,H—H,长度大约是0.74埃(7.4×10^{-11}米)。更大的分子相较而言很大。生物重要性的分子,例如蛋白质,经常会有几千个原子。聚合物,是大量连接在一起的共价链联结原子网,可以更大,有的时候它们是如此之大,甚至用肉眼都可以看见。

▶ 能够看到单个的分子吗？

有一些最大的单个分子，比如高分子聚合物，它们可以被肉眼看见或者通过显微镜看到。不过，绝大多数的分子都非常小，小到甚至连最好的显微镜也观察不到它们。并且由于它们物理学上的特性，人们很难用光来观察它们。这是因为小的分子（直径从0.1—1.0纳米）比可见光的波长（400—700纳米）要小得多。还可以使用基于让分子中的电子产生衍射，测量分子施加于一小片金属的力这种方法。也有其他的方法用于了解分子的样子。但是，对于大多数的小分子而言，我们不可能用观察事物的传统方法来看见它们。

▶ 所有的事物都是由分子和原子组成吗？

只能说基本上是这样！唯一不是由分子和原子组成的东西就是组成原子的微粒。你在屋子旁、办公室里，或者任何其他地方发现的任何东西都是由元素周期表上的原子组合而成的。

▶ 分子怎样相互作用？

分子之间的作用力主要有以下几种形式：

范德华力——范德华力是分子间最广泛存在的一种作用力。这基本上涵盖所有的除了带电离子（带电的原子和带电的分子）或者氢键之外的作用力，包括引力和斥力。范德华力包括极性分子的偶极矩和感应偶极子间的作用力，感应偶极子可以在非极性分子中产生。

离子相互作用——另一类分子间的作用力，一对电离子间的引力和斥力，或者电离子和不带电原子或者分子间的引力和斥力。这些作用力比范德华力类型的作用力要大，离子间的作用力遵循库仑定律。离子和不带电分子间的作用力或者是离子偶极作用力，或者是离子诱导偶极作用力。

氢键——氢原子和另一个负电原子（通常是氟、氧、氮）间的强作用力——与负电原子间没有形成共价键。氢原子通常也必须和一个负电原子（通常是氧和氮）成键。这种强作用力的原因是当一个氢原子和一个负电原子成键时，由于氢原子缺乏电子密度，氢原子会带部分正电荷。这样氢原子和负电原子或者离子间会产生强的相互作用力，因为负电原子或离子由于电子密度较高会带有部分负电荷。

▶ 与共价键相比，分子间的作用力有多强？

大多数分子间的作用力与共价键相比都比较弱。共价键通常含有约100千卡/摩尔 (化学中常用的能量单位) 的能量。范德华力是最微弱的一种分子间的作用力，对于相互作用的一对原子而言，能量大约是0.01到1千卡/摩尔 (或者说是共价键力的0.01%到1%)。离子间的作用力和电子偶极作用力的变动范围很大。特别是溶液中，因为离子和/或偶极间的距离可能会大不相同。离子的电荷可能会很大程度上被周围的溶液分子屏蔽。如果离子距离很近 (比如在固体中)，它们之间的相互能量能够接近 (甚至超过) 共价键。氢键通常是分子间作用力中最强的一种，大约能量是2—5千卡/摩尔 (或者大约是共价键能量的2%—5%)。它们如此之强，因此氢键在液体和固体的结构中，还有分子的结构中都起了决定作用。

▶ 什么是溶剂？

在化学中，溶剂指的是一种液体 (尽管它也可以是气体或者固体，但是暂时可以忘掉这些)，其他化学物质可以溶解在其中。溶解于其中的这种化学物质称作溶质。溶质和溶剂在一起称作溶液。例如盐水，水是溶剂，盐是溶质，我们可以把盐水称作溶液。

▶ 什么使得物体有磁性？

我们刚才简短地提到了，电子有自旋的性质，或者说自旋角动量，它可以有两个可能的取值。这一性质，再加上电子是带电粒子，使得每个电子有相应的磁矩，即自旋磁矩。对于肉眼可见的物体而言，磁性，或者不带磁性，是由这些自旋磁矩是否沿着同一个方向排列决定的。如果所有的自旋磁矩朝一个方向排列，这个物体就会显出磁性。如果自旋磁矩的方向无序，这个物体就没有磁性。有一点很有意思，只有一部分物质有可能有磁性，我们会在随后讨论。

▶ 什么决定了哪种金属能被磁化？

化学家将磁性分为三类：抗磁性、顺磁性和铁磁性。

抗磁性物质的所有电子都成对，按照定义，它们的自旋磁矩都是成对的，因此相互抵消。因此，抗磁性的物质不能磁化，也不会被磁场影响。

顺磁性的物质有不成对的电子，但是在这些物质中，并不是所有电子的自旋磁矩都朝着同一个方向，这意味着它们不太可能有很强的磁性。因为它们有不成对的电子，因此它们会受到外加磁场的影响，但是程度与第三类铁磁性物质不一样。

铁磁性物质是我们熟知的能够产生磁体的材料。所有能和磁铁强相互作用的物质都是铁磁性物质。这些物质有非成对的电子，它们的自旋磁矩方向能够朝向同一个方向。需要注意的是一种物质是铁磁性物质并不意味着它就是磁铁，只是说它有可能被磁化。拿一个夹子，当你把它拿起来的时候，它并不是磁铁。但是你可以把它变成弱磁铁，只要你在它附近举起一块磁铁。最常见的铁磁性物质有铁、镍和钴。

▶ 什么是理想气体？

理想气体是气体分子本身的体积和气体分子间的作用力都可以忽略不计的气体。当然这是一种理想化的情况，但在实际中大多数的气体都符合这种描述。这是因为组成气体的原子或者分子距离很远，因此分子间的作用力很弱（它们互相"感觉"不到对方）。这一描述形成了理想气体定律，这一定律是关于气体压力、体积和温度间的关系。理想气体定律使得化学家可以预测当温度升高时，气体的体积会如何变化。理想气体定律的公式是：

$$PV = Nk_bT$$

P 是压力，V 是体积，N 是离子数（分子或者原子），T 是温度，k_b 是伯尔兹曼常数（Boltzmann's constant）。

▶ 人类已经发现了多少种化学物质？

根据化学文摘社 (Chemical Abstracts Service, 简称CAS) ——全球最大的化学信息权威机构的统计，有7 000万种化合物已经被登记在册 (截至2012年12月)。今天，新的化合物以惊人的速度被发现并且登记注册，仅仅是在短短的十八个月内就有6 000万种新化合物完成了登记注册！

三 宏观物性：我们看见的世界

物质的形态和强度

▶ 什么是物质的不同形态？

你每天接触到的物质有三个相，或者说三种状态：固态、液态和气态。此外，还存在物质的第四种状态——等离子态，这种状态在自然界中只在其他恒星或者外空间存在。前三种状态的区别通常可以用物质外在性质来区分。固体有确定的形状和体积，液体的形状很容易改变但是不能改变体积，气体既没有固定的形态也没有固定的体积。

▶ 什么是等离子态？

等离子态是物质的第四种状态，它是一种气体中的部分粒子被离子化了。小到只有1%离子化就会使得等离子态与气态有着截然不同的属性，包括增强的导电性（例如闪电）和磁化。

▶ 在我们的日常生活中存在等离子态吗？

等离子态存在于荧光灯和霓虹灯中。如果你在自然博物馆中看过特斯拉线圈，它们制造的弧形的光就是等离子态，闪电也是。等离子电视和等离子灯的名字表明了它们的原理——都是用等离子态来产生光,就如同荧光灯一样。

▶ 什么是相图?

相图表示某种特定物质的相与温度和压强的关系的一种图。例如一种单一成分 (非混合物质) 的相图 (如下)。混合物也有相图,但是这些图会变得非常复杂。

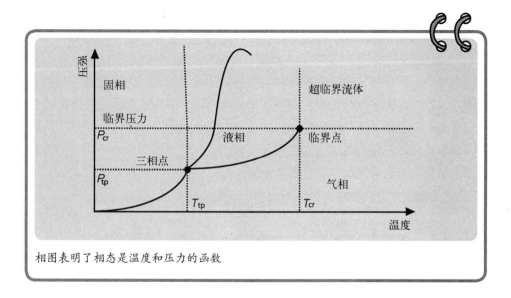

相图表明了相态是温度和压力的函数

▶ 什么是三相点?

三相点是指在热力学里,可使一种物质三相共存的一个温度和压力的数值。这三相可以是固相、液相和气相,但也可以是两种固相 (固相中的分子排列不同) 和一个液相。

▶ 什么是临界点?

临界点是在某一温度和压力的组合,在此点之上,不同状态的界限不再存在。有液态-液态临界点,在此临界点之上,两种液态混溶;也有液态-气态临界点,在此临界点之上,液态和气态的界限消失,物质变为超临界状态。

▶ 什么是超临界流体?

在临界点之上,即给定的温度和压力之上,一种物质表现出液态和气态的性质,被称为超临界流体。超临界流体具有液体的性质,是非常好的溶剂,因此,在现代化学的很多流程中都会使用它们。

▶ 咖啡怎样脱去咖啡因?

想象一下制作脱去咖啡因的咖啡需要用到的化学原理。大多数的方法都会使用提取程序来去除烘焙前绿色咖啡豆中的咖啡因。其中一种方法是熏蒸绿色的咖啡豆,然后用一种有机溶剂(通常是二氯甲烷)清洗,以此将咖啡豆中的咖啡因分子去除。其他的方法通常采用超临界的二氧化碳来提取咖啡因。后者显然避免了使用有毒物质,但需要消耗大量的能源。所有的提取技术都面临一个问题,就是很难在去除咖啡因的同时保留形成咖啡风味的化合物。

▶ 有多少种相态可以共存?

吉布斯相律(Gibbs Phase Rule)告诉人们对于某一给定的物质或者混合物能够有多少种相态可以共存。这一定律基于以下的事实:为了达到共存的状态,每种相态的组成成分的化学势必须相当。经过数学推导,可以发现在一个系统中的组成成分的数量、自由变量的数量(如温度、压力或者混合物中给定成分的比例),还有可以共存的相态数量中存在相互联系。这一关系是:

$$F=C-P+2$$

其中 F 是自由度数,C 是独立成分的数量,P 是在该点相态的数量。

▶ 均相混合物和非均相混合物的区别是什么?

均相混合物的成分均匀混合,且在混合物中有着同样的比例。一个例子就是糖溶于水后的透明溶液 (特指不存在有未溶解的糖漂浮在周围)。非均相混合物的成分不是均匀混合的,没有一个相同的比例,例如一杯糖水中还有未溶化的一块块的糖漂浮在水中的情况。

▶ 有没有混合物中存在多种液体的情况?

有。一个熟悉的例子就是油和水的混合物。不相溶的油和水是两种液体物质的不同相态。

▶ 对于给定的物质,有没有多于一种固体存在?

固体中原子的排列可以有几种形式,取决于原子的排列:A—晶体;B—多晶体;C—非晶体

有的。固体可以有不同的微观排列。如果固体中原子排列有按特定模式重复,它被称作晶体。如果这一有秩序的结构在整个物质中存在,这种相态称为单晶体 (例如钻石)。如果一个样本是由多个单晶组成的,我们把这种物质称为多晶体。许多固体中的原子排列毫无规律可言,这一类物质被称为非晶体。

▶ 什么是物质的密度?

密度是一单位某种物质的质量。例如,水的密度是1.0克/立方厘米,即每立方厘米水的质量为1克。

▶ 什么决定了物质的密度?

最简单的解释是,密度是由组成物质的原子和分子排列的紧密程度,以及原子本身的质量决定的。尽管并不能简单地说在元素周期表中最重的元素有着最大的密度,但是原子本身的质量与密度的确是有关系的。重金属铱和锇是目前所知的密度最大的金属。记住密度与物质的多少没有关系,一克铅和一千

克铅的密度是一样的。密度是一个强度量,因此改变物质的数量对于密度没有影响。

▶ 为什么冰浮在水面上?

冰浮在水面上是因为冰的密度比水小。尽管实际上比较一种物质的固态和液态的密度时,很少会有固态比液态密度小的情况。大多数物质从液态变成固态时密度都会增加,但是 H_2O[1]恰恰相反。当水结冰的时候,它在水分子间形成氢键。因为在这种结构下分子间的空间更大,因此冰的密度比水小。

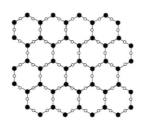

▶ 什么是温度?

温度是衡量物质中粒子平均动能的衡量标准。这是什么意思?"平均动能"可以精确地描述某物运行得有多快。在现在我们这个解答中,指的是在分子层面上的运行速度。分子运动的速度越快,物质摸起来感觉越热:因为此时热从物体中传导到你的手上。

▶ 华氏温度[2]、摄氏温度和绝对温度的关系是怎样的?

摄氏温度和绝对温度的度量单位是一样的(技术名词是"度量增量"),但是它们的零值的绝对数值不同。让我们解释一下:如果摄氏温度增加一度,或者绝对温度增加一度,那么温度的增量是一样的。但是摄氏零度(水结冰的温度)是绝对温度中的273.15开。因此这两种温度的度量相差273.15。

---

[1] H_2O是水和冰的分子式。

[2] 华氏温标目前在我国已废止,仅供参考。

华氏温度完全不一样。水在32华氏度结冰，华氏温度的一度相当于摄氏温度的0.55度。

▶ 为什么接触金属的时候会感觉比接触空气冷?

金属接触起来比空气感觉冷，因为它们的导热性能良好。温度低的金属将你手上的热迅速传导到整个金属物体，因此让你感觉这种金属比周围的空气更冷。

▶ 什么是沸点?

沸点的技术定义指的是液体的蒸汽压等于周围气体的气压 (通常是大气压) 的温度。这是在此温度下液态转变为气态的一种精确说法。

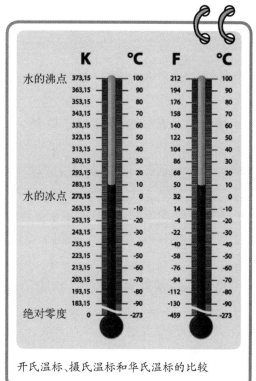

开氏温标、摄氏温标和华氏温标的比较

▶ 哪些分子的特性会使得沸点更高?

有好几种因素都会对物质的沸点产生重大影响。首先是分子的质量：通常说来，分子的质量越大，沸点越高。根据上面我们的沸点定义，这一点是显而易见的 (分子越重，从液态变为气态就需要吸收更多的能量)。

其他影响沸点的特性与分子间的作用力有关。想象分子间相互吸引相互结合的亲和力。非共价键，例如离子键或者氢键，会大大提高沸点。为什么? 因为要变成液态，分子通常需要挣脱这些作用力。偶极作用力和范德华力有相似的作用 (参见 "原子和分子")，但是这些作用力更弱一些，所以它们对于沸点的影响会更小一些。最后，分子碳链的支化也通常被认为是降低沸点的一个原因。这一说法是正确的，因为这种情况下范德华力被削弱了。

▶ 什么是熔点?

熔点是指物质从固态变为液态的温度。在这一温度,这两种状态共存,所以物质样本中固液态的比例不断变化。实际上,很难观测到一种物质精准的熔点。

▶ 哪些分子的特性使得熔点降低?

大多数我们在讨论沸点时列举的因素也对于熔点有效,尽管它们之间存在着一个重大区别。分子的支链越多,分子也就越加紧凑,它的熔点也就越高。因为,通常而言,紧凑的分子在晶格中排列更好。排列得越好,物质也就越稳定,因此需要更多的热 (能量) 来摆脱晶格,熔化固体。

▶ 当加入溶质或者杂质时,物质的沸点和熔点会怎样变化?

加入溶质通常会使得沸点升高,熔点降低。这些作用被恰如其分地命名为:沸点升高作用和熔点降低作用。

当在溶液中加入非挥发性的物质,比如说氯化钠时,沸点会升高。因为这种溶质降低了溶液的蒸汽压。其实这只是一种流行的说法。有必要知道,在这种情况下,沸点的变化与你加入了什么物质并不相关,其实并没有特别的相互作用发生,例如形成氢键等等。只要溶质具有更低的蒸汽压 (上面我们提到的是非挥发性的物质,因此它的蒸汽压是零) ,这一作用就会发生。只要想着这么做就会降低混合物的蒸汽压就对了 (如果你加入的物质有着非常低的蒸汽压,加入这种物质的液体的平均蒸汽压就会随之降低) 。

熔点 (凝固点) 会因为加入溶质而降低。对于这一作用最好的解释是熵的理论 (参见"物理化学和理论化学"一章)。当一个溶剂分子从液态变为固态 (结冰),液体溶剂的量 (或者它的体积) 减少。这就意味着,同样的溶质会存在于更小的空间里,从而降低了它们的熵 (或者增加它们的能量)。能量的增加意味着你需要从系统中抽取更多的能量,来给每个变成固态的分子增加能量。系统中更少的能量意味着更低的温度,所以加入溶质降低了熔点。从另外一个角度来看,就是任何杂质将破坏晶格结构,与液态相比,这将会增加它所需的能量。这也是在加入溶质时会降低熔点的原因。

▶ 溶液的浓度是如何定义的?

物质的浓度是溶液中物质的量除以溶液的体积,通常,化学家使用摩尔浓度 (物质摩尔量/体积) 来定义溶液浓度。

▶ 哪些性质会影响溶解度?

最重要的性质是分子间的作用力和温度。如果溶质和溶剂的相互作用恰当,溶解度就会比较高。实际上这是溶质和溶剂间的平衡以及溶质在固态阶段的稳定程度。温度也会影响溶解度,对于大多数物质而言,溶剂的温度升高,溶解度也会上升。

▶ 为什么在路上撒盐会有助于融雪?

如我们讨论过的,当在溶液中加入溶质时,熔点会下降。当把盐洒在雪上面时,撒上了盐的雪会融化成少量的水,并与周围的冰直接接触。这样就降低了周围水或者冰的凝固点,从而使得雪融化成水。这一过程会持续到所有的盐都完全溶解。

▶ 什么是基本长度单位?

大多数在科学中用到的长度单位都是与米相关的。化学经常要处理很小的长度,所以你可能很熟悉毫米 (10^{-3} 米) ,但却很难想象纳米 (10^{-9} 米) 有多小。当讨论化学键的时候,还有另外一种常用的长度单位——埃。1埃是1纳米的十分之一 (10^{-10} 米) 。化学键的长度取决于元素和其他因素,但通常是1—2埃。

▶ 一个原子会占据多大的空间?

最小的原子,氢原子的半径是 53×10^{-12} 米,所以氢原子的尺寸大约是 10^{-10} 米。最大原子铯的原子半径是 270×10^{-12} 米,大约是氢原子半径的5倍。这些原子都非常非常小!

▶ 原子核需要占据多大的空间?

原子的原子核占据了原子的整个空间中非常非常小的一部分。原子核的直径大约只有整个原子的十万分之一。

▶ 化学键的长度是多少?

化学键的长度一般而言是原子半径的两倍。由于它们是由两个原子在一起组成的,它们间的距离数量级是在 10^{-10} 米。

▶ 压力的基本单位是什么?

和长度、温度的单位不同,衡量压力至少有数种不同的常用单位。帕斯卡 (简写 Pa) 是正式的标准单位,但是巴 (bar)、毫米汞柱 (mmHg)、标准大气压 (atm),托 (torr) 和每平方英寸磅 (psi) 也都在不同领域有所应用。

▶ 飞机为什么能够在空中飞行?

飞机很重,所以要使飞机克服重力停留在空中需要有很大的力。引擎推动飞机前进,这很好理解;但是我们需要了解向上的推力,即升力是如何形成的。这种升力来自机翼的形状。通常机翼在顶部是弯曲的,在底部是平直的。这种设计使得空气在顶部比底部流动得更快。在机翼上方较低的气压使得飞机能够飞离地面并停留在空中。这一现象被称为伯努利原理 (Bernoulli principle)。如果你对着一张纸的顶端吹气,你将会发现它也会因为同样的原因升入空中。

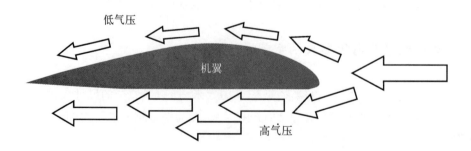

▶ 为什么油比水更滑？

润滑剂的作用，例如机油，能减少物体表面的摩擦力从而使零部件能够使用得更久，并且消耗更少的能量。好的润滑剂的关键是该润滑剂形成薄膜的特征尺度，必须比应用中的运动部件的特征尺度要小很多。基本上，油是好的润滑剂，因为它们能够形成非常薄的薄膜，并且很好地附着在需要润滑的运动部件的表面。这种薄膜的性能通常与其他更加容易辨识的性质相关。例如，好的润滑剂通常有高沸点、低凝固点、高黏度，在化学氧化作用下和温度变化时能保持稳定。

▶ 什么阻止了空气从地球的大气层逃逸？

重力！每一个地球的分子都被重力拉回这个星球，即使是最轻的气体分子。为了克服地球的引力，物体，不论是宇宙飞船或者是氢原子，都必须达到逃逸速度。因为地球的温度，几乎所有的大气层中的分子的速度都低于逃逸速度（温度越高＝分子运动速度越快）。

几乎所有？是的，地球在很缓慢地失去它大气层中的气体。最轻的先流失，每年大约有3千克的 H_2（氢气）从地球引力中逃逸出去。有一些粒子能够逃逸是因为气体的动能遵循玻尔兹曼分布（Boltzmann distribution）。玻尔兹曼分布中总是存在有极高值的概率总是很小的。

▸ 什么是空气的成分？

地球大气层是由78%的氮气（N_2）和21%的氧气（O_2）组成，如果你忽略水蒸气的话，因为水蒸气的比例变动太大，难以平均计入整个星球的大气层中。剩余的1%主要是氩气（Ar），然后是二氧化碳（CO_2）和其他微量气体。

▶ 什么让物质有颜色？

物质的颜色是反射回你眼中的光的组合。换句话说，你看见的光是没有被物质吸收的光。某些波长的光会被吸收，因为物质的电子结构，而其他的光则被反射回你眼中。

▶ 什么是玻璃？

玻璃是一种非晶态固体——它在固态时内部排列无周期性。在高分子化学中，科学家经常会考虑玻璃的转移温度 (T_g) ——在此温度下物质从坚硬的固体变为橡胶状。简单地说，这种转变下，物质并没有变为另一种态 (例如从固态到液态)，而是从一种形态的固体变为另一种形态的固体。

▶ 为什么水银是很危险的物质？

水银可以通过皮肤被人体吸收，因此在应用过程中很危险。有机金属汞，例如二甲基汞 (CH_3HgCH_3) 是一种尤其危险的汞化合物，它导致了不少实验室中研究化学家的死亡。大多数关于这种毒性最强的化合物的研究已经停止了。所以，在清理破碎了的温度计的时候一定要小心！

▶ 什么是真空？

真空是没有物质的空间。真空这个词来自拉丁文，意思是"空的"。完全的真空，或者在一个空间中不存在任何物质，是非常难实现的。但是通过现代工程技术，科学家能够制造并得到非常接近真空的环境，从而不需要进入太空深处来进行他们的实验。

▶ 声音能在真空中传播么？

不可以。声音是一种机械波，这意味如果要声波能够被传导，分子必须碰撞另外的分子。在真空中，因为空间中没有物质，所以没有人能够听见你的尖叫。

真空吸尘器是如何做清洁工作的？

我们通常使用"真空"这个词来称呼有着较低气压的区域。高气压区域的空气将自发地进入低气压的区域，这是真空吸尘器的工作原理。风扇把空气推出真空吸尘器，使风扇后方形成一个低气压区域。于是外部的空气涌入吸尘器来减小气压差，同时也把灰尘和污垢带进来。因为风扇持续转动，气压差持续存在，所以真空吸尘器可以在空气不断涌入的情况下持续工作。

▶ 光线能在真空中传播么？

是的，不像声音，光线是一种电磁波，所以光波的传导不需要分子。其实，这一点是显而易见的——每天，太阳光就是经过了太空中的真空地带照射到地球的。

▶ 有哪些化学反应我们是用肉眼就可以观察到的？

有许多的化学反应，我们都可以很轻松地用肉眼就可以观察到。例如金属生锈、木头燃烧、烟火燃放、银器出现污迹，或者烘焙用的苏打和醋反应。

▶ 为什么纸巾吸水性强？

纸巾是由纤维素纤维组成的，纤维素纤维包含许多糖单体。这些糖单体能够吸附大量水分子。因此，当东西洒出来的时候，用纸巾来清理非常有效。

▶ 什么是电流？

电流是电子流流过一种物质。从你家的墙中接出的电流其实就是流过电线的电子流。

爆炸是一个生动的例子，它是人类可以用肉眼观察到的一种化学反应

▶什么决定了某种物质是否是电的良导体？

电的良导体的物质有很多"自由"电子。这儿我们所说的"自由"是说它们与相应的原子或者分子之间的作用力不是很强。金属通常都是电的良导体。一种物质是否有自由活动的电子与物质具体的电子结构相关。基本而言，如果一种物质中可以自由移动的电子数量越多，它就越容易携带电流，它的导电性也就越好。

▶ 为什么橡皮圈有弹性？

橡皮圈是由长聚合物分子组成的。这些分子缠绕在一起，你可以把它们想象成类似于一堆缠在一起的弹簧。这些聚合物能够拉长变为一种更为伸展的状态，这就是橡皮圈能够拉长而不断裂的原因。但是在聚合物处于收缩状态的时候，是它们更常见的结构状态，也就是说在收缩的状态时它们有着更高的熵值。(参阅"物理化学和理论化学"了解更多关于聚合物的问题。)

▶ 怎样往软饮料中充入二氧化碳？

软饮料生产者利用压缩的二氧化碳为饮料充入气体，这一过程会使用虹吸管将压缩气体冲入水或者苏打水中。二氧化碳气体在高于大气压的压力下被充入液体，然后封闭容器，防止气体从容器中散发。这就是为什么你把一杯苏打水敞口放在那儿，它里面的二氧化碳气体很快就没有了，因为里面的二氧化碳气体逃逸到了空气中。

▶ 为什么软饮料会在你打开它的时候结冰?

记住溶液的凝固点会随着将物质溶解在其中而降低。当打开一瓶软饮料,其中的二氧化碳气体喷涌而出,溶解在溶液中的二氧化碳气体就变少了,因此,溶液的凝固点升高。在外界温度保持稳定的情况下,凝固点升高使得苏打水结冰。如果你没有看到过这种现象,你可以试着将一瓶苏打水放在冷冻箱中来做实验,但是注意不要放太长时间,否则它可能会爆炸。

▶ 为什么氦气球能够飘在空中?

氦气球能飘在空中是因为氦气比空气轻,所以重力对于空气的作用大于对于氦气的作用。这种密度差能够让氦气球排开的空气支持气球的重量,然后让氦气球飘起来,越飘越远,直到看不见了。

▶ 干冰是什么? 为什么它会从固态气化?

干冰就是固态的二氧化碳(CO_2)。在稳定的大气压下,我们看见温度上升会直接让它从固态进入气态。这一过程称为升华作用,这一现象会在 $-78.5\,℃$ 发生。

氦气球飘浮在空中是因为气球中的气体比周围的空气要轻很多

▶ 在多远距离之外,一个分子能够"感受到"另外一个分子?

分子通过相互施加的分子间作用力"感受"到对方。这一距离一般会比化学键的长度稍微长一些,大约是在 5×10^{-5} 米的样子。

食物和感觉

▶ 哪些元素存在于你体内?

六种元素组成了人体99%的元素。它们分别是:氧、碳、氢、氮、钙和磷。氧和氢占据了人体元素的大部分,因为人体细胞中超过50%都是由水构成的。

▶ 食物中有哪些元素?

我们的食物中的元素大多数和组成我们身体的元素是一致的,这很合理。因为那些吃的元素最终会成为组成我们身体的元素。从这个意义上而言,我们就是我们吃掉的东西。

▶ 有机食品有什么特别或者与众不同之处?

尽管精确的定义仍然在变动,但所有人都同意有机食品是指在生产过程中不使用杀虫剂和合成化肥的食品。"有机"这个词通常也排除了受过辐射或转基因水果蔬菜。是否这种食物吃起来更好吃,或者更加健康取决于每个人自己。

▶ 食物为什么会有不同的味道?

当然是因为分子! 在学校里面你可能已经学过了有四种基本的味道:甜、苦、酸和咸。你的科学教科书上可能会有下页的那张图,这张图上显示出苦味蕾位于舌头后部,甜味蕾位于舌尖。错了,错了,错了,这不是事实!
首先,基本的味道有五种,而且能感受它们的味蕾均匀地分布在你的舌头上。这五种基本的味道是你从小学学到的四种味道再加上鲜味。如果你是吃西餐长大的,鲜味尝起来就像味精的味道,或者你就会想到"亚洲"餐的味道。现在对于有没有第六种基本味道还有争论,例如有没有脂肪的味道,或者刺激(辣)的味道。

但是即使五种(或者六种,或者七种)基本味道都不够解释你吃东西时所有的感官味道。葡萄酒可能是最好的例子(当然,如果你喜欢喝葡萄酒)。为什么葡萄酒的味道会"干"？这种"干"的口感显然不属于五种基本味觉的任何一种,而是和它含有的单宁有关。那么,是否有一种单宁味蕾？还没有人能够证实这一点。

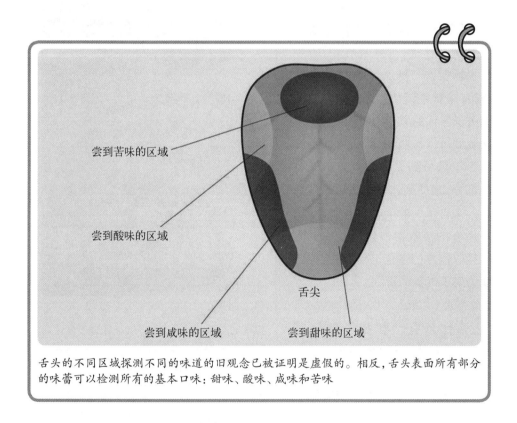

尝到苦味的区域

尝到酸味的区域

舌尖

尝到咸味的区域   尝到甜味的区域

舌头的不同区域探测不同的味道的旧观念已被证明是虚假的。相反,舌头表面所有部分的味蕾可以检测所有的基本口味:甜味、酸味、咸味和苦味

▶ 为什么有些东西会有毒?

有许多种方式都会破坏我们身体的机能。一氧化碳会和血红蛋白结合,阻止氧气进入身体细胞。氰化物会阻断线粒体制造三磷腺苷(ATP)。毒芹是一种野草,含有至少8种对于神经系统而言毒性非常强的分子。铊离子(Tl^+)毒性非

常强，因为它们易溶于水，一旦进入人的身体，它们就会连上离子通道，破坏正常的与钾离子 (K^+) 相关的进程。

▶ 杀虫剂会让食品更加危险吗？

杀虫剂当然不会让食品更加安全，而且它们长期的负面效应很难衡量。尽可能少地接触显然是个好主意。

▶ 为什么一种物质会有气味？

物质有气味是因为你的鼻子（或者嗅觉系统）能够察觉挥发出的分子。你的鼻子中有大约350个接收器可以探测到分子，然后会发出一个信号到你嗅觉系统中的各个部分，最终到达你的大脑。气味不是来自单一的接收器的信号，而是所有的接收器的信号。你的大脑接收信号的组合，然后将它们转变为对于气味的辨别。

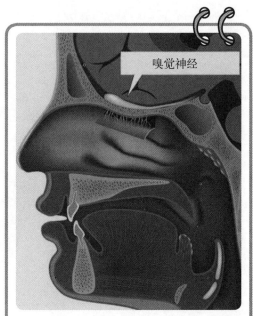

嗅觉神经

你鼻子中的接收器探测到空气中的分子，将信号送至你的嗅觉系统，然后将信号传送到你的大脑，最后信号被转化为对气味的辨别

▶ 为什么有一些物质的气味比其他的物质更重？

有不少原因会让一种物质的气味比其他的更"重"。首先是你闻的物质分子的挥发性，或者是气压。或者更简单的原因，如果物质越多，气味越重。另外，有些分子与你鼻子中的接收器反应更强烈，也会引起更强的嗅觉反应。

▶ 哪些元素在室温下是液态的？

实际上在室温下只有两种元素是液态的：水银和溴。溴是一种双原子的化合物，Br_2；水银则是一种液态的金属。

▶ 与其他的液体相比，水银的密度有多大？

液态水银的密度（室温下水银是液态）大约是5.43克/毫升。这大约是水的重量的5.5倍！接下来密度最高的一种液体是溴，密度是3.03克/毫升，但是水银的密度仍然是溴的近两倍。

水银是唯一一种室温下为液态的金属。它有毒，因此不能用手直接接触

▶ 雪的密度与液态水的密度谁大？

刚下的潮湿的新雪的密度大约是液态水的十分之一。也就是说十厘米的降雪所含的水分子大约与一厘米降雨的水分子数相同。

▶ 表面活性剂是什么？

表面活性剂是减小液体表面张力的分子。它们通常是两亲型的有机分子，也就是说它们的分子结构中部分疏水，部分亲水。这导致它们以特定的方式在液体的表面排列，干扰了液体表面的分子排列次序，从而降低了表面张力。

▶ 什么是沉淀？

沉淀是溶液中形成固体的过程。当一种物质的溶解度太低，因而不能完全溶解在溶液中时就会发生这种情况。导致这一过程的原因很多，例如当化学反应的产物的溶解度低或者当温度发生变化时。沉淀的过程从小的晶体形成开始，这也称作成核过程。

▶ 什么是一种物质的居里点?

随着铁磁性物质的温度升高,它最终能够成为顺磁体(参阅"原子和分子"章节中关于铁磁性和顺磁性的内容)。物质在特定的温度之上变为顺磁体,这一温度被称之为"居里点"。这实际上也是物质状态的一种变化,尽管这种变化并不容易像水结冰或者蒸发那么容易被肉眼观察到。

▶ 什么是物理变化?

物理变化是物质肉眼可见的性质变化,而物质的化学组成并没有改变。一些物理变化的例子包括蒸发、融化、切割、削片、断裂和研磨等等。所有这些过程的相同点是它们都没有物质化学组成方面的变化。

▶ 什么是摩氏硬度表?

物质,主要是矿物质,会根据它们刮擦另外一种物质的能力来将它们的硬度进行排序。如果一种矿物质能够刮擦另外一种矿物质,那么它在摩氏硬度表上就会有更高的等级。当腓特烈·摩斯(Friedrich Mohs)[1]设计这一硬度表时,钻石是最硬的物质,所以它的硬度被定为10。滑石(也被称为滑石粉),非常软,因此硬度是1。摩斯设计了硬度表来整理一个澳大利亚银行家的私人石头收藏,然后这些收藏成为大公博物馆(Archduke's Museum)的收藏。现在有更加精确的硬度衡量标准,但是摩氏硬度表的简洁性让它至今都有着重要的实用价值。

---

[1] 腓特烈·摩斯(1773—1839),德国地质学家、矿物学家。其最著名的成就是提出了摩氏硬度标准。

四 化学反应

动力学和热力学

▶ 什么是化学反应？

化学反应是从一种或多种分子转变成另一种分子或多种分子的过程——大多数时候反应物和产物将是不同的分子。化学反应总是涉及化学键断裂和/或新化学键的形成。

▶ 我们怎样书写化学反应方程式？

化学家常常用化学反应"方程式"来描述化学反应。通常是先列出最初的种类即反应物，写在方程式的左边，然后写上一个箭头和最终的种类即产物，写在方程式的右边。下面的方程式描述了甲烷和氧气反应产生水和二氧化碳。

$$CH_4 + 2O_2 \xrightarrow{\triangle} CO_2 + 2H_2O$$

朝右的箭头在反应过程中表明反应物转变为产物。在一些情况下，反应物是可逆的，这是就会用两个箭头来表示，每一个指向一个方向（$\xrightarrow{\triangle}$）。注意这一点，因为在化学反应中，各种箭头的含义是不同的！

▶ 什么是反应的产率?

化学反应的产率是反应得到产物的量 (例如2克)。更有价值的是考虑百分产率,这一概念描述了反应得到产物的量,与根据使用的反应物的量期望得到的最大的产物量之间的比值。百分产率衡量了一个工艺流程在生产目标产物时的效率。

▶ 选择性对于化学反应意味着什么?

选择性在化学反应中有着几种含义。但是主要有两类:一种反应只选择与特定的一类化学物质发生,或者只在分子内的特定位置发生从而避免副反应;或者反应只选择性地产生特定产物。

▶ 现代化学家们如何描述化学反应产物的特征?

化学家们需要描述化学反应产物的特征,以便他们得出分子的结构和组成方式。一种通用的方法是衡量固体物质的熔点。但是这种方法并不能够提供分子中化学键的具体信息,因此需要更加先进的技术来完整地描述分子的情况。这些技术通常与使用电磁辐射来探测分子的能级有关 (参阅"物理化学和理论化学"一章)。分子能够吸收的能量/光波长与分子的结构特征直接相关。

▶ 化学家们还在寻找新的反应么?

是的。化学这门学科已经积累了好几百年的知识,但是化学仍然在不断探索新的领域。制造已经发现分子的新方法,或制造地球上没有的全新分子结构,都是现代化学梦寐以求的目标。研究新的化学反应,更好地了解已有的反应,对于化学家而言都是永恒的话题。

▶ 什么是物质守恒定律?

物质守恒定律是指物质不能被创造或者毁灭。这与化学反应相关,因为这一定律告诉我们反应前每一种元素的原子数和反应后每一种元素的原子数相同。在之前的例子中,我们可以看到反应物中的两个氧气分子或者四个氧原子产生了一个二氧化碳分子和两个水分子,在产物中一共有四个氧原子。

▷ 什么是化学反应的化学计量?

化学反应的化学计量与物质守恒的理念直接相关,它告诉我们分子反应的比例。我们再使用这一章开始时的例子,反应计算比是1:2:1:2(见59页),描述了甲烷和氧气反应生成二氧化碳和水的比例。

▷ 为什么有些化学反应会引起颜色变化?

我们看到的颜色都与某物吸收或者反射的光波波长有关。对于出现颜色变化的化学反应而言,情况是化学反应产物吸收和反射的光波波长与反应物的不同。我们将在"物理化学和理论化学"一章中更多地讨论光与分子的相互作用。

▸ 有没有一些耳熟能详的化学反应的例子?

火是每个人都看见过的化学反应的例子。火是一种燃烧反应,是碳氢化合物与氧气反应生成二氧化碳和水的化学反应。另一个例子是你的车生锈。这一反应是金属中铁的氧化过程。在我们的身体里每时每刻都在进行着许多复杂的化学反应。例如,你的每一个动作,都与你的肌肉和神经中的许多化学反应有关。

▷ 什么是热含量?

热含量用于衡量某物中含有的能量,它被定义为某个系统中的总热含量。在化学反应中,我们通常最感兴趣的是与反应相关的热含量的变化(缩写为H)。

化学反应H的定义是产物的热含量减去反应物的热含量,通常使用反应中的温度变化来进行衡量。

▶ 卡路里是什么?

卡路里是热能的单位,它的定义是将一克水的温度升高1℃所需的热量。卡路里常用来描述食物中含有的能量。当用在食物上时,"1卡路里"实际上指的是1 000卡路里或者1千卡的能量(听起来非常容易混淆)。

▶ 什么是键焓?

键焓指的是使化学键断开所需的能量,它能够告诉我们化学键相对于键两端的部分而言有多强。

▶ 什么是生成热?

一种物质的标准生成热是在标准状态下(参阅"分析化学"一章)由元素最稳定的单质生成某一摩尔(参阅"化学的历史"一章)纯化合物时与之相关的反应热效应。

▶ 什么是吉布斯自由能?

吉布斯自由能是指一个系统在温度和气压恒定的情况下,能够对外做的有用功的数量(参阅"物理化学和理论化学"一章)。在化学反应中,吉布斯自由能的变化通常表明了一种反应是否有利。

▶ 什么使得反应能够自然发生?

自发的化学反应是那些吉布斯自由能变化为负的化学反应。即使这种反应是自发的,也不能告诉我们反应会多快发生。自发反应可能会很快发生,也可能需要好几千年!

▶ 什么是单分子反应?

单分子反应中只有单一反应物的分子发生了化学变化,生成产物。一种可能的方式是单分子中的键重新组合;另一种可能性是反应物分子分裂,产生几种产物分子。

▶ 什么是双分子反应?

或许你能够从上一个问题的答案中猜出这个问题的答案。双分子的化学反应中有两种反应物的分子。它们可能会形成单一产物 (如果它们组合在一起),或者多种产物分子。

▶ 什么是化学反应的平衡常数?

有些反应可以正向或者逆向进行,而其他的反应可能只能朝一个方向进行。对于一个可能双向进行的反应,平衡常数描述了产物到反应物的比例,例如下述反应:

$$A \rightleftharpoons B$$

这一反应的平衡常数将是:

$$K_{eq} = [B]/[A]$$

对于反应:

$$A + B \rightleftharpoons C$$

这一反应的平衡常数将是:

$$K_{eq} = [C]/[A][B]$$

对于反应:

$$A + B \rightleftharpoons C + D$$

这一反应的平衡常数将是：

$$K_{eq}=[C][D]/[A][B]$$

反应中平衡常数较大的反应 ($K_{eq}>1$)，有利于形成产物，而平衡常数较小的反应 ($K_{eq}<1$)，有利于形成反应物。

▶ 什么是勒夏特列原理 (Le Chatelier's principle)？

勒夏特列原理告诉我们，当化学平衡状态的某个条件出现变化时，怎样预测变化对平衡状态的影响。它告诉我们当平衡受到扰动时，系统将会变动以抵消扰动的影响。这些变动可以是化学物质浓度的变化、温度的变化、压力的变化，或者其他条件的变化。最经常讨论的变化是化学物质的浓度变化，所以我们将重点放在这里。对于平衡状态：

$$A+B \rightleftharpoons C+D$$

如果我们降低A物质的浓度，C物质和D物质就会反应来补充缺乏的A物质。当A物质得到补充时，也会增加B物质。所以净效应是当A物质的浓度降低时，C物质和D物质的浓度也会降低，同时B物质的浓度会增加。更普遍而言，当一种反应物的浓度降低时，将会使得平衡向反应物一端移动，从而增加其他反应物的浓度，降低产物的浓度。反过来这一结论也成立：降低一种产物的浓度会引起平衡向产物端移动，增加产物的浓度，同时降低反应物的浓度。

记住勒夏特列原理只对于可逆的化学反应 (化学平衡) 适用，这一点很重要。所以我们讨论的所有情况并不适用于只能正向发生的反应。

▶ 什么是化学反应的自由能图？

理解自由能图最好的办法，是在我们解释自由能图的具体特点时，看一张自由能图 (见图)。

y轴衡量我们关注的化学物质的相对自由能，x轴描述反应坐标 (通常从左至右表示反应向前进行，但并不一定每次都必须如此)。左边我们有反应物。通常而言,可以有任何数量的反应物,在这儿我们标出了两种,A物质和B物质。中间的"山峰"是化学反应的能量势垒,Ea的数值表明了能量势垒的高度。Ea通常被称为是计划该反应所需的能量。在右边有我们的产物。同样我们也能够有任何数量的产物,这儿我们标出了C物质和D物质。最后,我们还要介绍G数值,它反映了吉布斯自由能在此反应中的变化。在此例中反应物的自由能高于产物的自由能,表明这一反应是自发反应。如果反应物的自由能比生成物低,反应就不会自然发生。

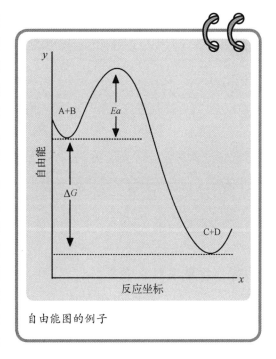

自由能图的例子

▶ 化学反应能够分步骤进行吗?

是的,很多化学反应都分成多步骤进行。一些化学反应可能只有一个步骤,其他的可能会有十个或者更多的基础步骤。当然,在不同子领域进行研究的化学家们可能对于如何定义一个步骤有不同的概念,这取决于他们关注反应的哪些方面。

▶ 有没有多步骤化学反应的例子?

很多生物化学中的反应 (参阅"生物化学"一章) 是多步骤化学反应。例如,糖酵解,分解糖产生能量的过程有十个步骤。每一步骤都有一种特别的催化剂,我们称之为酶。在生物系统中,有着数不清的多步骤反应。

▸ 当我们说化学反应需要一分钟时是什么意思?

当我们说化学反应需要一分钟时,我们实际上是在说在一分钟后,一部分〔具体而言就是 $(1-1/e)$,约 63%〕的反应物已经发生反应,形成了产物 (e 是无理数,e=2.718 281 8) 。如果我们说一个反应需要一年,或者其他时长,我们也是指同样比例的反应物变成了产物。并不是指所有的反应物都变成了产物,而是特定比例的部分。

▶ 动态平衡是什么意思?

可逆化学反应中的平衡状态是一种动态平衡,这意味着即使在平衡状态时,反应也没有停止,正向和逆向反应仍然在发生。反应物和产物的浓度没有变化,这是因为正向和逆向反应发生的速度相同。反应从来不停止,它们只是到达了平衡状态。

▶ 什么是反应的速率决定步骤?

当一个反应有着多个步骤时,速率决定步骤是速度最慢的步骤。它是限制最终产物形成速度的步骤,通常这是因为这一步骤需要最高的激活能量。

▶ 为什么生物系统中化学反应非常重要?

化学反应与你的机体机能息息相关!对于所有的生物 (植物、动物、昆虫、细菌等) 而言都是这样的。任何时候你做一个小动作,就会有很多的化学反应发生。消化食物,形成脂肪或者消耗脂肪,呼吸,细胞复制,或者说几乎所有在你体内发生的机能都与化学反应有关。化学不仅仅在实验室里很重要,它对所有与生命相关的物质来说都是必不可少的。

酸　和　碱

▶ 什么是路易斯(Lewis)酸或碱?

根据定义,一种物质是否为路易斯酸或路易斯碱,是依据一种物质在化学反应中倾向于给予电子到另外一种物质,还是倾向于接受其他物质的电子。路易斯酸接受电子,而路易斯碱给予电子。很可能你已经猜到了,路易斯酸倾向于和路易斯碱反应,因为它们有着另一方所需要的东西。

▶ 什么是布朗斯特(Bronsted)酸或碱?

布朗斯特酸或布朗斯特碱的定义与路易斯的定义不同。路易斯的定义将注意力放在接受和给予电子上,与此不同,布朗斯特的定义则关注在化学反应中 H^+ 原子 (质子) 的给予和接受。布朗斯特酸倾向于在化学反应中给予质子,而布朗斯特碱倾向于在化学反应中接受质子。为了接受质子,布朗斯特碱通常必须有至少一对非成键价电子。

▶ 什么是两性分子?

两性分子是既可以作为酸也可以作为碱参加反应的分子。路易斯和布朗斯特的酸碱行为的定义,都可以用来定义两性分子。

▶ 什么是布朗斯特酸的 pK_a 值?

布朗斯特酸的 pK_a 值描述了该酸在水溶液中给予质子的倾向。更低的 pK_a 与更强的给予质子的倾向相关,因此是一种更强的布朗斯特酸。pK_a 值是依据数学方法计算得出的,是水中质子与酸分离的平衡常数取以10为底数的负对数。

▶ 什么是水溶液的pH值？

水溶液的pH值描述了溶液中H_3O^+离子的浓度（或者说接受了一个额外质子的水分子）。pH值是根据H_3O^+离子在溶液中的活性，取以10为底的负对数计算得出的。pH值接近7意味着溶液接近中性，也就是接近没有加入任何酸碱物质的纯水的pH值。pH值低于7表示这种物质至少是酸性的，而大于7的pH值则意味着溶液是碱性的。

描述溶液pH值的公式如下：

$$pH=-\log\left[H_3O^+\right]$$

▶ 燃烧反应的普遍化学反应式是什么样子的？

燃烧反应是碳氢化合物在氧气存在的情况下燃烧产生二氧化碳和水。一个具体的例子是：

$$CH_4+2O_2 \xrightarrow{\triangle} CO_2+2H_2O$$

普遍而言，燃烧的反应式看起来是下面这个样子：

$$碳水化合物+氧气\xrightarrow{燃烧}二氧化碳+水$$

▶ 为什么小苏打和醋反应时会有嘶嘶作响的强烈反应？

小苏打的化学学名是碳酸氢钠，它的化学式是$NaHCO_3$。醋的主要成分是醋酸（CH_3COOH）和水。当小苏打加入醋中时，下述反应就会在碳酸氢钠和醋酸之间发生：

$$NaHCO_3\ (g)+CH_3COOH\ (aq)=CO_2\ (g)+H_2O\ (l)+CH_3COONa\ (aq)$$

当两者混合时，反应中释放出来的二氧化碳气体产生了气泡和看到的泡沫形状。

▶ 为什么将强酸倒入水中时溶液会变得很烫?

当强酸被倒入水中时,许多质子交换的反应在很短的时间内发生,这些反应是放热反应。放热反应是指它们释放能量(以热的形式),并在这些热量散失到周边环境中之前,使得溶液的温度升高。

催化作用和工业化学

▶ 我们怎样才能使得化学反应加速进行?

两种最常用的加速化学反应的方式,是提高进行反应的温度或者使用催化剂降低能量势垒。随着温度升高,反应中用于克服能量势垒的热能增

采用哈伯-博施法将氮和氢结合生产氨的车间

多。当然,你也能够更快更多地得到产物,如果你采用了增加反应物浓度的方法。光也可以作为催化剂来分裂化学键,制造出比原反应物更加活泼的物质。

▶ 什么是化学反应的催化剂?

化学反应的催化剂是任何可以降低化学反应所需的自由能的化学物质。这一过程中可能会发生反应机制的重大变化。光也可以作为催化剂。

▶ 有哪些工业流程中使用了催化剂?

化学工业在生产我们每天使用的产品时大量地采用了催化剂。从氮气 (N_2) 和氢气 (H_2) 生产氨气 (NH_3) 的过程,称作哈伯－博施法,使用铁或者钌作为催化剂。这一反应用于每年生产500万吨化肥!世界上大多数的塑料的生产都使用了一种或者另一种催化反应,而且将原油炼制成汽油和其他燃油的过程也可能有催化剂。催化剂也用于食品加工和生产——人造黄油是由脂肪和氢气在镍催化剂的作用下反应形成的。

▶ 哪些化学品生产的规模最大?

就产量 (而不是利润) 而言,硫酸是全球产量最大的化学品。全球消费量大约是每年两亿吨——这是一个大到难以想象的数字。氮气 (N_2)、乙烯 (CH_2CH_2)、氧气 (O_2)、石灰 (主要是 CaO) 和氨气 (NH_3) 是排列在前五大消费量的化学产品,尽管有时名次会有所变化。

▶ 多相催化和均相催化的区别是什么?

均相催化在催化剂和其他反应物都溶解在溶液中时发生。多相催化通常在溶液中有不可溶的或者可能是微溶的催化剂时发生反应。因此,在多相催化中,催化剂和溶液可能形成悬浮液,或者催化剂可能就是以固体的形态放在溶液中的。

其他类型的化学反应

▶ 为什么铁会生锈？

铁锈是氧化了的铁。铁或者任何铁合金的氧化 (参阅 "化学的历史" 一章)，只要有氧气和水的存在就会发生。化学反应涉及电子从铁转移到氧原子，并与水反应，最终形成铁的氧化物。离子的存在，例如在酸性溶液中的盐或者 H_3O^+ 能够加速这些反应的速度。防止生锈通常需要保护涂层以防止铁与氧气和水发生反应。

每个人对生锈的现象都很熟悉，就是铁被氧化了，这是铁暴露在水和氧气中的结果

▶ 融 (熔) 化是化学反应吗?

不是，融 (熔) 化不是化学反应。融 (熔) 化时物质状态的改变并没有带来化学键的断裂或者新的化学键生成。随着温度上升让物质融 (熔) 化，固体/液体中的分子排列会改变，但是没有化学反应发生。从液态变为气态的过程还有逆向的过程 (凝结和凝固) 也是如此。

▶ 什么是铝热剂?

铝热剂是金属粉末和金属氧化物的混合物，可以产生很强的放热反应。当然，可以使用不同的金属来进行混合，最常用的混合物是氧化铁 (Fe_2O_3) 和铝粉。这一混合物在室温下很稳定，但是一旦点燃，就会燃烧发生强烈的放热反应，产生大量的热。

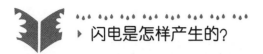

▶ 闪电是怎样产生的？

在风暴中，云层中的水和冰微粒相互摩擦会导致云层中的电荷分离，从而形成强电场，如果电场变得足够大，闪电就可能在云层和地面间发生，或者在不同的云层间发生，从而减少电荷分离。空中的闪电其实就是一个非常大的电火花，与你可能在接触门把手时发生的静电电击并没有太多不同。

◉ 光怎样才能引发化学反应？

当光照射分子时有可能激发电子进入更高能级。当这一情况发生时，分子就会变得不稳定，更加活泼，甚至可能因此分裂，产生更加活泼的反应物质或者催化剂，然后与其他的分子继续反应。

◉ 什么是扩散？

扩散其实是分子 (或原子) 通过某一介质的随机运动。扩散使得液体或者气体中物质的浓度在整个空间内形成均匀分布。分子在水中和气体中的扩散运动，通常也是发生随机碰撞从而发生双分子反应的原因。

◉ 反应能在气态、液态和固态中发生吗？

当然可以。双分子 (两种物质) 的反应在气态中发生，在溶液中情况也很相近，反应物分子随机扩散直到相互碰撞，此时反应可能就开始了。在固态的反应中，固体的表面通常会和与之接触的另一固体、气体或者液体的交界面上的那些物质发生反应。常见的例子就是你的车会生锈形成氧化物。

▶ 什么是物质在气体中的分压？

如果你有一个固定的容器装有混合气体，物质的分压就是当这种物质占据整个容器空间时的压力。

▶ 压力会怎样影响气态的化学反应速度？

在气态的化学反应中，化学物质的压力 (或者分压) 会与其浓度直接相关。这和在溶液状态的化学反应是一样的，反应速度是一个常量和物质浓度的乘积。我们也能够以常量与气态物质的分压的乘积的形式，写出气态反应的速度公式。所以，就和在液态反应一样，增加气态反应物的压力将加速生成产物。

▶ 什么是电子转移反应？

电子转移反应在许多方面都很重要。在生态系统中，光合作用进程、固氮作用、有氧呼吸 (身体利用氧气产生能量的进程) 都与电子转移反应有非常大的关系。电子转移反应也经常被用于从铁矿石中提取纯金属。电化学电池 (参阅"分析化学"部分) 也依靠电子转移反应。给你的手机和其他设备供电的电池也是利用电子转移反应来完成。

▶ 什么是自燃试剂？

自燃试剂是暴露在空气中能够发生自发反应的物质。通常，这种反应与空气中的水有关。因此自燃试剂应该只在惰性气体环境中使用，例如在一个充满了氩气或者氮气的储物箱中进行。通常自燃物质会溶解在某种溶剂中以溶液的方式出售，这样它们就不容易起火燃烧。一些更加温和的自燃物质可以在空气中处置，但是需要注意，当存放时间较长时，就应该将容器中的空气抽出来。在作为废弃物处置时，它们也应当被小心对待，否则它们可能会让垃圾桶着火！

你可能很容易会想到，在可控的方式下，自燃物质可以用来引火。自燃物质在打火机中和打火器产生火星的部分都有使用。

▶ 什么是物质的闪点?

物质的闪点是指在此温度之上,物质产生的蒸汽能在空气中形成可燃性气体。发生闪燃需要有火源——如果不存在火源,可燃性气体不一定会发生燃烧。

▶ 什么是物质的自燃温度?

自燃温度和闪点有些相似,只是此时物质不需要有引火物来引发和维持燃烧。在自燃温度之上,这种物质将开始燃烧并持续出现烟雾,直到引起燃烧的这一物质耗尽。

五 有机化学

结构和命名法

▶ 什么是有机化合物?

任何分子或者化合物,如果其中含有碳原子就被称为"有机"。这样使用这一用语事实上有些随意:有些形式的碳 (例如石墨和金刚石) 还包含有碳的离子 (例如甲酸盐和碳酸盐) ,在科学家眼里它们并不能被称为"有机分子"。

▶ 在生活中,何处有有机化学物质?

你吃的食物,你穿的衣服,车子加的油,你在杂货店中拿到 (有时可能拿不到) 的塑料袋……这个清单可以很长很长。

▶ 为什么化学家对于碳化学如此关注?

因为它无处不在! 碳是宇宙中含量第四丰富的元素 (在地球上的含量排在十五位) ,也是生命的基础 (脱氧核糖核酸、氨基酸都含有许多碳原子) 。许多生物活性强的分子和药物都依赖于碳来确定它们的整体形状。

▶ 最早在实验室里合成的有机化合物是什么？

尿素。1828年，法国化学家弗里德里希·维勒 (Friedrich Wöhler) 尝试合成氰酸铵 ($NH_4^+CNO^-$)，但是这种化合物很不稳定，反应后形成了尿素，从而第一次证明了有机物可以从无机物合成 (当时人们对此颇有争论)。

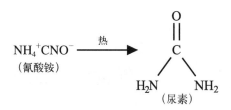

▶ 弗里德里希·维勒还有哪些让他成名的发现？

维勒不仅仅是因使用活细胞之外的物质合成了有机化合物而知名，他也发现了元素铍［安东尼·布斯 (Antoine Bussy) 也独立发现了这一元素］、硅、铝、钇和钛。除了这些让他在化学史留名的成就外，他还发现了陨星中含有有机化合物并且发明了提纯镍的方法。

▶ 碳可以形成多少键？

碳有四个电子可以与其他原子成键。当碳和四个其他原子成键后，它们会形成四面体。有两条简单的规则会起到重要作用，本章中你将看到相关内容。

▶ 碳会形成什么类型的键？

碳可以与其他元素形成单键 (σ) 和双键 (π)。双键使用碳原子四个可用电子中的两个，才能够形成两个双键 (例如二氧化碳，CO_2)，或者一个双键和两个单键 (例如甲醛，H_2CO)，或者四条单键 (例如甲烷，CH_4)。

▶ 碳能形成超过一个 π 键么?

可以。如果碳原子形成一个 σ 和两个 π 键 (总共三个键,称作三键) ,这一组键称作炔烃。最简单的炔烃是乙炔 (C_2H_2)。焊枪使用氧气和乙炔的混合气体,能够达到 3 000℃的高温。

$$H—C \equiv C—H$$

▶ 碳—碳双键的形状是什么样子?

双键中碳原子的几何形状是平面型的。这一形状是因为碳原子的 sp^2 杂化 (一条 p 轨道没有参与形成单键)。为了使剩余的两条 p 轨道发生成键反应,它们需要在空间上重叠。因此,在一个像乙烯 (C_2H_4) 这样的分子中,所有的氢原子都在同一平面上。

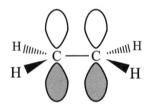

▶ 什么是碳氢化合物,有多少种不同的碳氢化合物?

碳氢化合物,你从名字上能猜得出来,仅包含氢原子和碳原子。实际上,几乎有无数种将两种元素排列在一起的方式,特别是如果你把聚合物 (参阅 "高分子化学" 一章) 也算进来。碳氢化合物分子很重要,不同的大小和类型的碳氢化合物包括天然气、汽油、蜡 (比如蜡烛),还有塑料。

▶ 化学家怎样命名如此多种不同的碳氢化合物?

有很多命名规则。让我们从直链碳原子开始。这儿,我们只需要确定在分子中有多少个碳原子。如果分子不含有任何双键,英文名使用后缀 "-ane",前缀表明有多少个碳原子。大多数的前缀都基于希腊数字 (有一个是拉丁数字,还有几个就是名字特别)。总体而言,这些分子称作炔烃。

碳原子数量	词　根	IUPAC命名法	结　构	分子式
1	Meth	Methane	CH_4	CH_4
2	Eth	Ethane	$CH_3—CH_3$	C_2H_6
3	Prop	Propane	$CH_3—CH_2—CH_3$	C_3H_8
4	But	Butane	$CH_3—(CH_2)_2—CH_3$	C_4H_{10}
5	Pent	Pentane	$CH_3—(CH_2)_3—CH_3$	C_5H_{12}
6	Hex	Hexane	$CH_3—(CH_2)_4—CH_3$	C_6H_{14}
7	Hept	Heptane	$CH_3—(CH_2)_5—CH_3$	C_7H_{16}
8	Oct	Octane	$CH_3—(CH_2)_6—CH_3$	C_8H_{18}
9	Non	Nonane	$CH_3—(CH_2)_7—CH_3$	C_9H_{20}
10	Dec	Decane	$CH_3—(CH_2)_8—CH_3$	$C_{10}H_{22}$

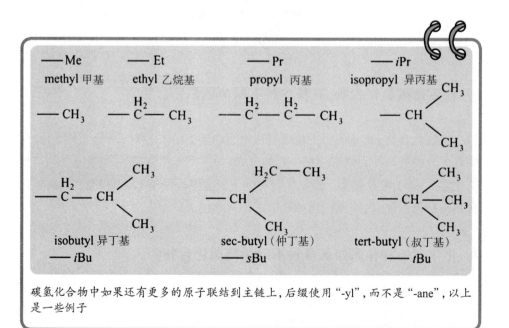

碳氢化合物中如果还有更多的原子联结到主链上,后缀使用"-yl",而不是"-ane",以上是一些例子

▶ 碳氢化合物中的碳原子总是直链么？

不是。有些碳原子是以直链的方式连接的，我们在上一个问题中已经谈到了。让我们进一步学习炔烃的命名法。

首先，我们需要确定支链的名字。化学家用同样的前缀来表示支链的长度，但英文名后缀使用"-yl"，而不是"-ane"。所以甲烷 (CH_4)，当它是碳原子链上的一条支链时，它的名字是甲基 (-CH_3)，乙烷 (CH_3CH_3) 则成为乙基 (-CH_2CH_3)，并以此类推。

接下来我们需要确定在碳原子主链上的分支点，这很简单——只要数一数碳原子的数量，然后把这个数放在支链的名字前。所以如果你有一个 8 个碳原子的主链 (辛烷)，在尾部第三个碳原子上有一条两个碳原子的支链 (乙基辛烷)，这种化学物就被称作 3-乙基辛烷。看起来就像下图这样。

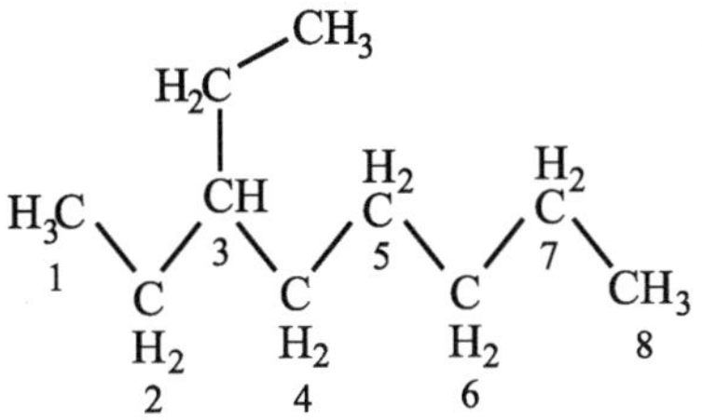

还有许多命名有机化合物的规则，但目前这些已经够用了。

▶ 碳原子链也能够成环么？

是的——碳原子能够首尾相连，形成原子环。英文名前缀"cyclo"会用在碳原子链上，表明形成了环，这样己烷 (hexane) 就成为环己烷 (cyclohexane)。化学中环的结构有可能与它们线状的近亲不同，因为环的结构含有更多的能量。

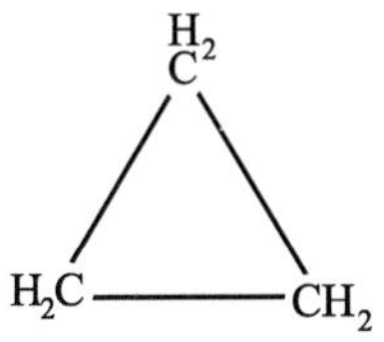

环丙烷 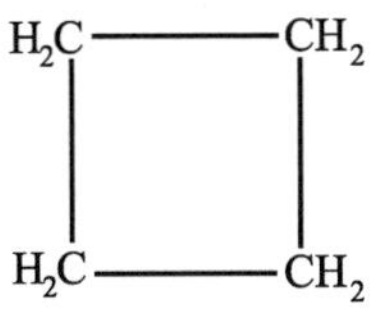　　　　环丁烷 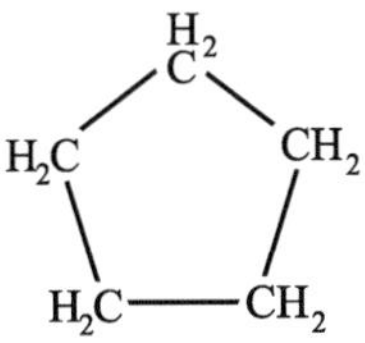　　　　环戊烷 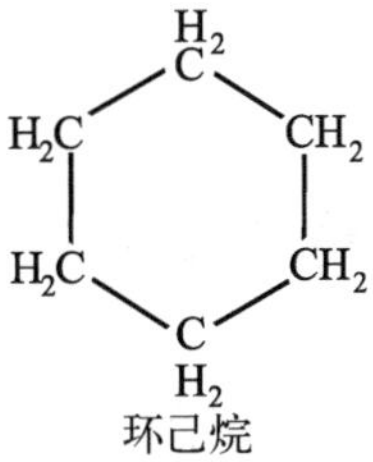　　　　环己烷

我们知道 sp³ 杂化原子之间最可能形成的角度为 109.5° 的键。当环的力量使得这些键越是偏离这理想角度，就会有越多的能量 (被称为环张力)，在化学反应中，当环被打开时释放出来。

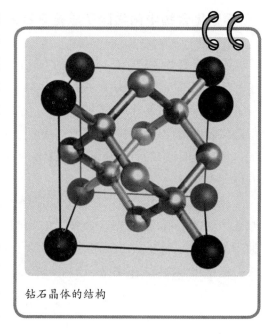

钻石晶体的结构

▶ 钻石的结构是什么样子的?

钻石有一种不断重复的结构，所有的原子都和其他四个原子连接在一起形成四面体结构。如果我们首先观察环己烷的结构——这是一种最简单的结构，六个碳原子成为一个环形结构，它们之间不存在双键。

如果我们不断重复环己烷的结构，我们就会得到钻石的结构。

▶ 木炭是什么?

木炭是当动植物体内的水分和其他物质被排出后由碳和灰烬构成的。在缺少氧气的情况下通过加热木头或者其他生物衍生材料可以生产出木炭。

▶ 什么是杂环原子?

杂环原子是碳原子和氢原子以外的其他所有原子。一些典型杂环原子的例子包括氧、硫、氮、磷、氯、溴和碘，当然任何非碳原子和氢原子以外的原子都符合这一定义。

▶ 什么是硫族元素？

硫族元素是元素周期表中第16组元素。这一组包括氧、硫、硒、碲、钋和𬭯。这一名称来源于希腊语，意思是"金属形成者"(copper-former)，这一得名的原因是这一组中的一些元素倾向于与金属配价，与矿石中的金属形成化合物。

▶ 什么是阳离子？

阳离子是带正电的原子或者分子。阳离子中质子的数量大于电子，这样它们有净正电荷。

▶ 什么是阴离子？

阴离子是带负电的原子或者分子。阴离子所带的电子数量大于质子数量，从而带有净负电荷。

▶ 什么是自由基？

自由基是一个原子或者分子，它在一条或多条轨道中携带有未成对电子。通常情况下，这些物质活性很强，因为未成对的电子能够与其他电子发生反应。自由基能够带正电、负电或者不带电。

▶ 什么是同分异构体？

同分异构体的化学分子式相同，但是在某方面存在差异。主要的同分异构体类型包括构造异构体、立体异构体、对映异构体 (最后一种实际上是倒数第二种的子类，我们将在后面讨论到)。

构造异构体,或者说结构异构体有相同的原子数量,但是它们的排列方式不同。例如,4个碳原子和8个氢原子能有两种不同的排列方式。

正丁烷

二甲基丙烷

▶ 什么是几何异构体?

几何异构体是分子中包含着相同原子和成键模式,但是原子或者基团有着的空间排列不同。例如,顺式和反式异构体就是几何异构体的一个例子。

▶ 什么是立体异构体?

立体异构体中有相同数量的原子,连接顺序也相同,但是它们的空间排列不同。有两种主要的立体异构体:对映异构体和非对映异构体。

▶ 什么是手性?

手性体没有可与之重叠的镜像。这是什么意思?可重叠意味着一个物体可以被放置在另一个物体上,或者说得不那么学术,它们是相同的。对映异构体不相同,但是它们互为镜像。看一看你的双手,它们是对映异构体。如果你将一只手放在镜子上,它看起来就像你的另一只手 (所以它们是镜像)。但如果你试着把一只手放在另外一只的手背上面 (不,不是掌心对掌心,那是作弊),你会发现它们不相同 (因此它们也不是可重叠的。)

▶ 什么是对映异构体?

对映异构体是具有手性的分子。在有机化学中,如果碳原子与四个不同的原子 (或者一组元素) 连接在一起,那么我们可以画出该分子的两个对映异构体。记住连接方式没有变化，只是空间中原子的排列方式有变化。

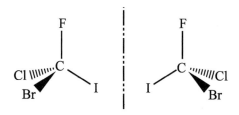

稍等——虚线和楔形的键是什么意思？

到目前为止，我们一直将分子表现为平面上的物体，化学键就用直线来表示。在此前的问题中，4个卤素原子围绕中心碳原子形成了四面体。化学家使用虚线表示这些键在纸张平面的后面，楔形代表键朝向你，在纸张平面的上方。

▶ 什么是非对映异构体？

接下来听起来像是回避问题，但是非对映体是不是对映体的立体异构体？技术上的定义的确是这样的。一类非对映体是在碳形成双键表现出来的。在之前的章节中有三组连接碳原子的方式。在此种情况下是平面的 (sp^2 杂化)。如果双键位于碳链中部，就会有两种可能的异构体。

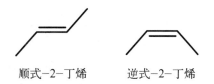

顺式−2−丁烯　　　　逆式−2−丁烯

这两种分子是不可重叠的，但是它们也不是镜像，所以它们被称作非对映体。有许多其他种类的非对映体，但是这一形式是最容易理解的。

▶ 什么是外消旋混合物？

外消旋混合物中含有同样数量的对映体分子。

▶ 怎样衡量对映体过量?

对映体过量是衡量在混合物中一种对映体异构体数量的多少，经常是以百分比的形式描述。外消旋混合物对映体过量的值是0%，因为两种对映体在混合物中的含量相同。当一种溶液中有75%的一种对映体时，对映体过量将是50%（75%−25%=50%）。

▶ 手性分子是什么时候、怎样发现的?

手性分子是有一种特殊的性质——旋光性。外消旋体是具有旋光性的手性分子与其对映体的等摩尔混合物，其旋光性因这些分子间的作用而相互抵消。非外消旋物质会使经过该物质的偏振光平面发生顺时针或者逆时针的旋转。法国物理学家毕奥 (Jean-Baptiste Biot) 在1815年用石英晶体、松节油和糖溶液发现了这一现象。这些现象在理解光的本质上非常重要。1848年，路易·巴斯德 (Louis Pasteur) 发现这一现象是基于分子的特性。巴斯德不辞辛苦地从酒石酸的外消旋混合物中分离出纯的异构晶体，然后展示了这两种异构体会使光朝相反的方向旋转。

▶ 所有的碳-碳键在苯中是否长度相同?

是的，但是你在观察单链苯结构时可能不会这么想。苯的实际结构包括两种结构的组合，如下图所示。专业的说法是在 π 键中的电子因为共振离域 (分散)。化学家通常用来表示分子结构的方式，不能准确地在单一结构中表现出这一特征。电子并不会从一个地方移动到另外一个地方，碳-碳键也不会在振荡中缩短或伸长。不管如何，苯分子并不会在意我们是否正确描绘了它。

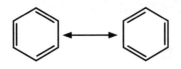

有些时候，你可能会发现苯被表述成了一个圆形的中心，而圆形的存在正是表示了 π 电子的离域。

▶ 什么是共振？

共振是化学家用来表述分散的电子结构的一种方式。让我们先不看这一说法，先理解它的意思。"离域"意味着一个电子，或者一对电子，没有完全位于单个的原子或键周围。观察一下二氧化氮 (NO_2) 的两个结构：在一个共振结构中，负电荷位于一个氧原子周围，但是也能在第二个共振结构中找到另一个氧原子。注意到我们说"电子结构"，并没有说原子移动过来——因为原子并不移动。共振仅仅是电子之间的，原子在每一个产生共振的分子中的排列是相同的。这很重要，而且很合理。如果你还记得电子并不从一个共振结构"移动"到另一个共振结构。这些结构是有必要的，因为实际的分子比简单的绘图体系所体现出来的要复杂得多。

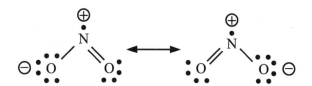

 ▸ 什么时候开始出现"芳香的"这一术语？

最早是在1855年的化学出版物中出现了这个词。奥格斯特·威廉·冯·霍夫曼 (August Wilhelm von Hofmann) 首先在论文中使用了这个词。但是他并没有说明为什么使用这一术语。使用这个词有些奇怪，因为实际上只有一部分芳香化合物有气味，而许多实验室中的非芳香化合物非常难闻。

▶ 什么是芳香性？

芳香性是一种特殊的共振离域，我们实际上已经在前文中看到过了。离域电子通常让分子变得更加稳定 (相比于想象中电子不会离散的分子)。如果离

域发生在 n 个碳原子的扁平环中, 并且电子的数量是 $4n+2$ (即, 2, 6, 10, 14, 等等), 那么该系统就称为有芳香性的。

▶ 什么是有机化学中的官能团?

官能团是一组在不同分子中表现出相似化学活性的原子组。化学家利用这些分组来帮助理解和推测不同的分子如何相互反应, 它们也被用来命名化合物。

一些官能团的例子

▶ 什么是碳阳离子和碳阴离子?

碳阳离子是一种带正电的化合物, 在此化合物中碳原子明显带有部分正电荷。那么, 碳阴离子的定义也很容易猜到——它是一种带有负电荷的化合物, 在化合物中碳原子明显带有部分负电荷。

有机化合物的反应

▶ 有机化学中"弯曲的箭头"是什么意思?

化学家使用弯曲的箭头来表示化学反应中电子的流动。箭头从亲核体 (如一个孤零电子对、π 键或者 σ 键) 开始,指向亲电体 (如原子或带有整个或者部分正电荷的键) 。下面是转酯反应的例子 (就是从一种酯变为另外一种酯的反应) 。

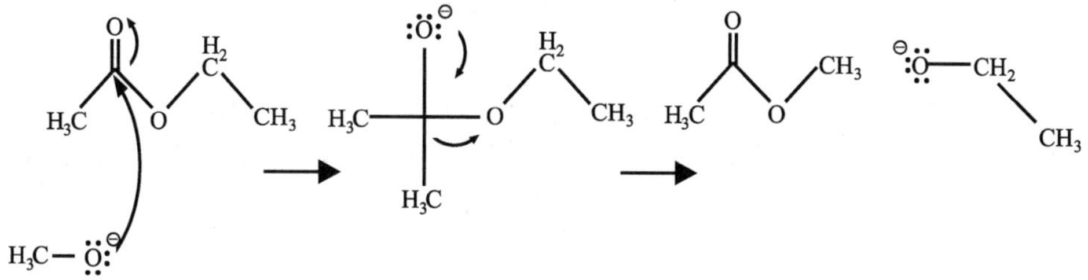

▶ 什么是亲核体

亲核体是在化学反应中贡献电子 (给亲电体) 的分子。这些通常是具有孤零电子对的官能团,但也可能是 π 键,或者在某些情况下是 σ 键。

▶ 什么是亲电体?

亲电体是在化学反应中 (从亲核体) 接受电子的个体。通常而言,亲电体有整个或者部分的正电荷,或者在有些情况下 (例如 BH_3) ,没有达到八电子状态。

▶ 什么是取代反应?

交换官能团或者原子,被称为取代反应。上文中的酯化反应就是用官能团-OCH₂CH₃取代-OCH₃官能团。另外一个取代反应的例子,就是在甲基组中用一种卤素取代另外一种。

$$:\ddot{\underset{\cdot\cdot}{I}}:^{\ominus} \quad H_3C—Cl \longrightarrow I—CH_3 \quad :\ddot{\underset{\cdot\cdot}{Cl}}:^{\ominus}$$

▶ 什么是单分子取代反应?

我们已经谈过了取代反应,那么什么是"单分子"呢? 如果在过渡状态 (记住,这是单个化学反应中能量级别最高的) 需要一个 (单) 分子,那么它被认为是单分子反应。区分这种反应可能看起来挺奇怪,但是单分子和双分子的取代反应有许多不同。这些不同都源于有多少个体参与过渡状态的反应。

例如,下面是叔丁基氯和氢氧根离子的反应。

$$HO:^{\ominus} + H_3C—\underset{H_3C}{\overset{H_3C}{C}}—Cl \longrightarrow HO:^{\ominus} \quad \underset{H_3C}{\overset{CH_3}{C}}{}^{\oplus} + :\ddot{Cl}:^{\ominus} \longrightarrow H_3C—\underset{H_3C}{\overset{H_3C}{C}}—OH + :\ddot{Cl}:^{\ominus}$$

第一步是断开碳-氯键,这一步仅仅涉及 $(CH_3)_3C—Cl$ 分子。然后第二步氢氧根离子与叔丁基碳阳离子发生反应。由于在反应速度较慢的第一步中只有一个分子 (假定是这样),这就是一个单分子取代反应。

▶ 什么是双分子取代反应?

从上面的回答中,你很可能已经猜出来双分子反应在过渡状态时有两个分子。这意味着最慢的一步中有两个分子相互反应。而在前一个例子中,只有一个分子。

让我们看一个类似的取代反应。这一次我们不再使用叔丁基氯,而是将羟化物与氯甲烷反应:

$$HO:^{\ominus} \quad H—\underset{H}{\overset{H}{C}}—\ddot{Cl}: \longrightarrow H—\underset{H}{\overset{H}{C}}—\ddot{OH} \quad :\ddot{Cl}:^{\ominus}$$

在这一反应中，亲核物质 (OH⁻) 直接取代了分开的卤素组 (Cl⁻)，没有形成碳阳离子的中间物。这是因为甲基阳离子 (CH⁺) 比前一个问题中的叔丁基碳阳离子要不稳定得多。

▶ 为什么碳阳离子取代性越强越稳定?

很好的问题! 首先，让我们看一下为什么你会问到这个问题。在我们看到的单分子取代反应中，形成了一个过渡性的叔丁基阳离子，但是在双分子取代反应中，阳离子 (这次是甲基阳离子，CH_3^+) 的能量非常高。在这种情况下，氢氧根离子直接取代了氯离子。

通常而言，碳阳离子取代性越强，它越稳定。有好几种方式来解释为什么是这样。首先碳取代物比氢原子更加容易贡献电子。周边碳原子上的电子能够帮助稳定阳离子中心。简单而言，碳阳离子的稳定程度与多少个碳原子与中心碳阳离子成键的数目有关。数目越多，稳定程度就越高。

▶ 什么是超共轭效应?

超共轭效应是另外一种解释为什么取代碳阳离子会更加稳定的方式。靠近阳离子中心的碳–碳键或者碳–氢键中的电子能够与空的p轨道相互作用。这些不是通过键直接发生作用，而是去除一条与中心碳原子最重要的键 (参见下图的描述)。最简单的表述就是，这一效应解释了为什么周边的碳原子比氢原子更加容易贡献电子：实际上是周边的碳–氢键帮助稳定了空的p轨道。

注：上面的箭头仅仅描述了碳–氢键 σ 轨道与空的p轨道重叠，并不是说氢原子实际上发生了移动，尽管有的时候的确会发生这种情况。

▶ 什么是加成反应?

在加成反应中,两个或多个分子合并形成一个分子。这与我们之前了解的取代反应不同,取代反应中两个分子反应会形成两个不同的分子。

酸和碱的加成反应是最简单的例子。在反应中,酸给碳–碳双键中加入质子,形成的碳阳离子将是可能的产物中取代性最强的那种。酸的共轭碱随后与这一碳阳离子反应。

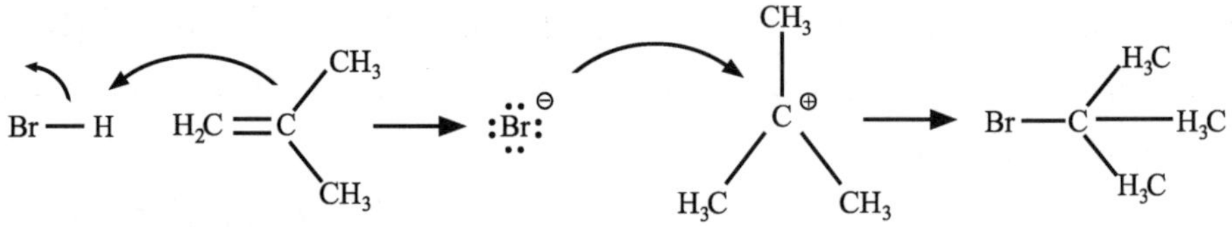

▶ 什么是消去反应?

如果加成反应是将两种物质合并形成一个分子,那么消去反应是将它们分开。教科书中的例子还是与碳–碳双键有关,但这一次我们要形成双键。

碱分子(氢氧根离子,OH^-)使得溴化氢发生消去反应。在这一反应中,反应过程一步完成,如图所示。

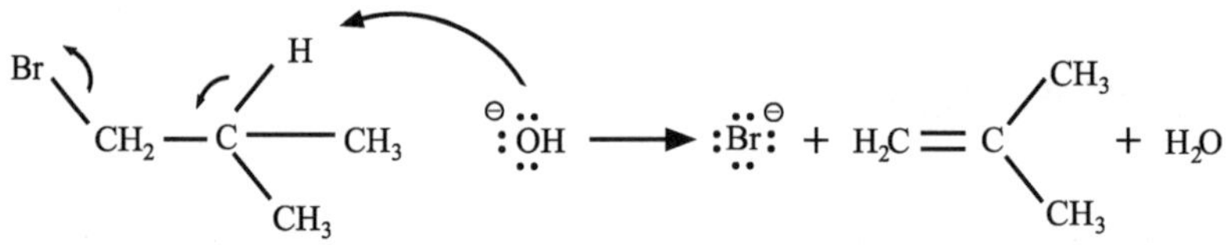

▶ 有没有单分子和双分子消去反应机制,就像取代反应那样?

是的!想想究竟是什么决定了消去反应完成的过程是一步还是两步?猜对啦,碳阳离子的稳定程度是决定性的因素。在此前的例子中,如果溴离子先分离出来,就可能形成一种基本的碳阳离子。

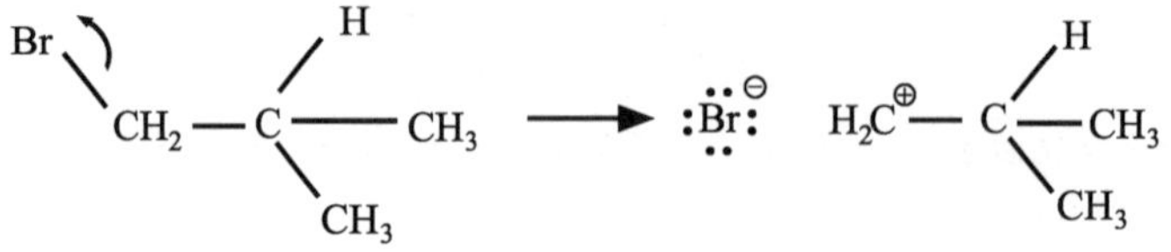

这是一个比双分子反应过程更加困难的反应,在双分子反应中,溴化氢的消去反应是一步完成的。

但如果一种卤代烷能够形成稳定的碳阳离子,则单分子消去反应更快。它被称作是"单分子",是因为慢的这一步在过渡状态只有一种分子,就像在取代反应中那样。

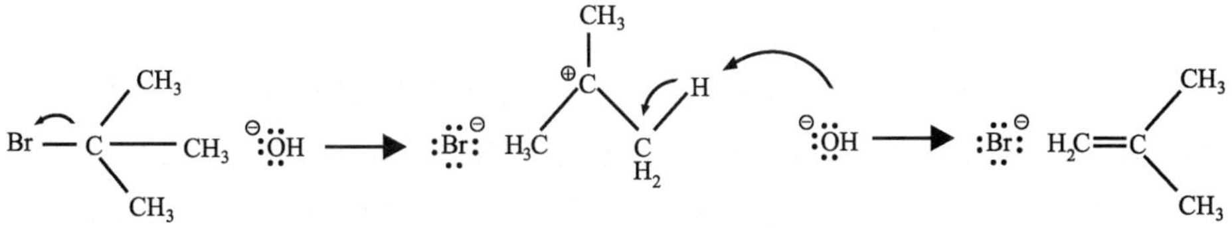

> ### ➤ 狄尔斯 (Diels) 和阿尔德 (Alder) 是谁?

狄尔斯–阿尔德反应,就像许多有机化学中的反应一样,是根据发现它的化学家而命名的。这个例子中的化学家是奥托·保罗·赫尔曼·狄尔斯 (Otto Paul Hermann Diels, 1876—1954) 和库尔特·阿尔德 (Kurt Alder, 1902—1958)。库尔特·阿尔德是狄尔斯在基尔 (Kiel) 大学的学生,阿尔德在1926年获得博士学位。阿尔德和他的导师狄尔斯在1950年共同获得了诺贝尔化学奖。

▶ 什么是环加成反应?

最通常的说法就是,环加成反应是多个 π 键形成环。为了解释一些概念和这些反应怎样分类,让我们看看下图中的环加成反应。这一反应,被称作狄尔斯–阿尔德反应,是共轭双烯与易于双烯反应的烯烃 (二烯亲和物) 间的反应。它被归类为[4+2]环加成反应,表明直接参与成键过程的原子数量。

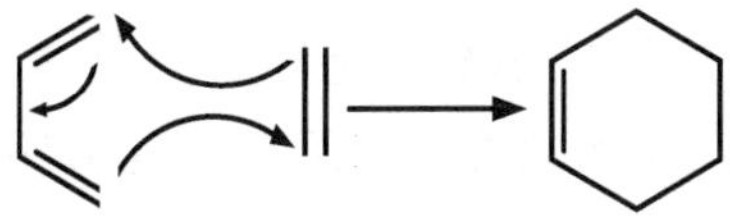

双烯+二烯亲和物

（还有第二种分类方法，使用成环的 π 键电子数量，但我们先把这种方式放在一边不谈。）

▶ 什么是亲电反应？

环加成反应实际上是一种亲电反应，但是属于"亲电"还包括其他类型的反应。教科书中关于亲电的定义是在过渡状态具有环状结构（即电子在闭环中流动）的反应。除了环加成反应（用两个 π 键形成两个 σ 键，或者相反），亲电反应还包括 σ 迁移反应、电环化反应、螯键反应等等（其他还有一些反应我们暂且不表）。

▶ 什么是 σ 迁移反应？

环加成反应使用两个 π 键形成两个 σ 键，σ 迁移反应用一个 σ 键形成——哦，一个 σ 键。最为人所熟知的 σ 迁移反应是科普重排反应（Cope rearrangement）。使用我们之前谈到过的系统，这一反应归类于［3，3］-σ 迁移反应（甲基替代物没有直接参与，因此我们没有计算它）。

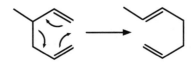

▶ 什么是电环化反应？

好的，环加成反应是两个 π 键形成两个 σ 键，我们刚才也看到 σ 迁移反应是一个 σ 键形成一个 σ 键，有没有一个 π 键形成一个 σ 键的亲电反应？那就是电环化反应。就像大多数的亲电反应一样，电环化反应能够形成或者断开一个 σ 键。如果一个 σ 键在此过程中形成，它就是一个电环化闭环反应。如果一个 σ 键在过程中消失，这个过程就是电环化开环反应，但过程都是相同的。

一个值得提到的电环化闭环反应例子是纳扎罗夫环化反应（Nazarov cyclization），这一反应是二乙烯基酮类化合物转化为环戊烯酮衍生物，通常会有酸作用于反应。

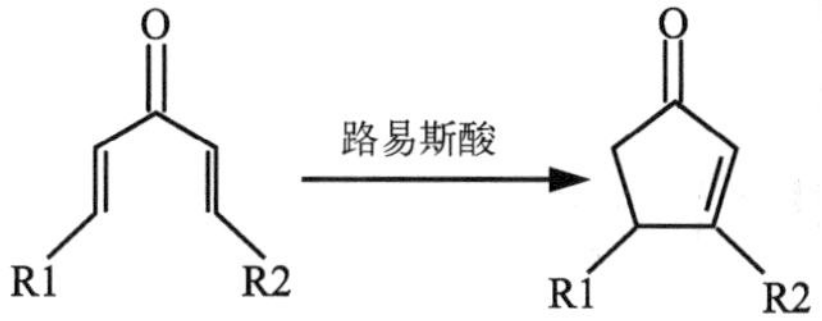

▶ 什么是螯键反应?

终于,这儿有第二种两个 π 键形成两个 σ 键的反应了。不同之处在于形成(或者)断开的两个键发生在同一个原子上。而在环加成反应中,每个反应的原子上只有一个键形成。一个有 SO_2 参与的反应如下。(令人吃惊的是这个反应居然没有用任何人的名字命名!) 在这个反应中,两个 σ 键在硫原子上形成 (或者断开)。将这个反应与上述狄尔斯-阿尔德反应比较,在狄尔斯-阿尔德反应中,两个新的 σ 键连接到两个不同的二烯亲和物端上。

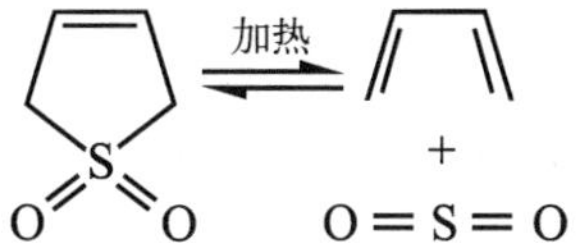

▶ 什么是互变异构反应?

互变异构反应中有机分子的两种同分异构体互相转化,因此被称为互变异构体,它们的区别只是氢原子的位置不同。下图显示了反应是怎样在有机分子的酮官能团上进行的。通常分子中含有酮官能团的部分被称作分子的酮类结构,而含有烯醇官能团的部分被称作分子的醇类结构。

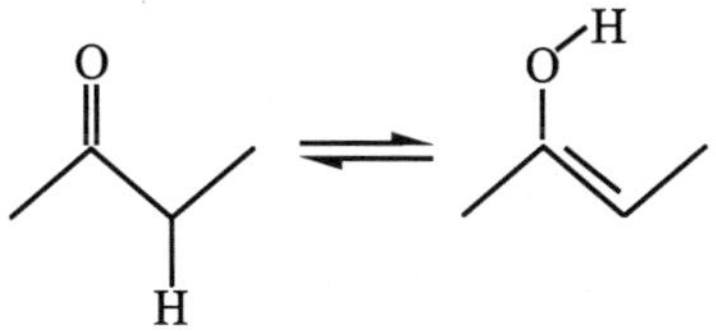

六

无机化学

结 构 和 键

▶ **哪些分子被认为是无机的?**

任何不含有碳原子的分子理论上被认为是无机的,但在实际中有一些例外。许多盐 (比如碳酸盐 CO_3^{2-} , 或者氰化物, CN^-),它们被认作是无机物,尽管它们含有碳原子。

▶ **哪些元素是金属?**

金属是具有良好导电性的元素。在元素周期表中有几个金属组。在下面的几个问题中,我们将一组组地看看这些金属组,而不仅仅是列出金属元素。

▶ **什么是碱金属和碱土金属?**

元素周期表的前两列被称作碱 (第一组) 和碱土 (第二组) 金属。这两组中的元素电离能都很低,也就是说它们很容易放弃一个或者两个电子来达到惰性气体电子组态 (比如, Na^+ , Mg^{2+})。这些元素通常是质地软的银色物质。这些元素很难在自然界中找到单质形态,因为它们会很快与空气或者水发生反应,有时还会非常剧烈。

▶ 什么是过渡金属元素？

元素周期表中 d 块区 (第三组到第十二组) 被称作过渡金属。(镧系元素和锕系元素通常被排除在外)。除了第十二组，过渡金属元素有不完的 d 层电子。这些元素的化学特性与这些 d 层的电子紧密相关，并且大多数过渡金属在多个不同的氧化物中保持稳定。如果金属有未成对的电子，它能够有磁性。许多过渡金属在成键反应中被用作催化剂，我们将在本章中稍后部分讨论。

▶ 什么是类金属？

类金属是用来形容有些像金属，也有些像非金属的元素的术语。有时候，这类金属也被称为半金属。更准确一点说，它们展示了金属的部分物理和化学属性。通常而言，类金属具有一定的导电性，但是导电性能不能和真正的金属相比。因为定义比较含糊，因此对于哪些元素被称作类金属也经常变化。通常硼、硅、锗、砷、锑、碲被认为是类金属，有些时候钋和砹也被认为是类金属，在某些特定的场合硒也会被认作是类金属。

▶ 什么是过渡金属的价电子轨道？

过渡金属也被称作是 d 区，因为它们的价电子轨道是 d 层 (如下页图中所示)。有五种不同的 d 轨道。三种 (d_{xy}, d_{xz} 和 d_{yz}) 看起来相似，只是在空间中有着不同的方向。第四种 ($d_{x^2-y^2}$) 和前三种的形状相同，但是环绕点是沿着坐标轴而不是位于坐标轴之间。最后 d_{z^2} 看起来像沿着 z 轴的 p 轨道，同时有一个圆环 (实际上是个环面) 环绕。

▶ 什么是镧系金属和锕系金属？

锕系金属和镧系金属组成了元素周期表的 f 区。这两行经常从主表中分开，但这仅仅是因为元素周期表在一张纸上不够宽 (真的是这样)。这些元素中的许多都有放射性同位素，但是它们的衰减速度差别很大。例如，铀-238 的半衰期是 45 亿年，但是镤-234 元素的半衰期只有 72 秒。

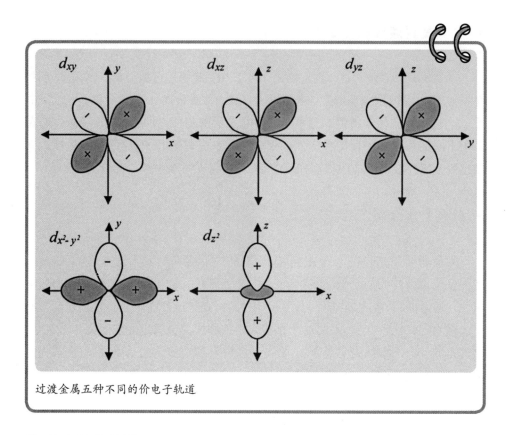

过渡金属五种不同的价电子轨道

▶ 什么是晶体学？

晶体学是研究原子在固体物质中排列的学科。今天，这一术语通常指的是研究轰击样本物质后脱离出来的光子（通常是X射线）、中子或者是电子运行模式的方法。脱离出来的射线或者粒子的运行模式可以用来解读和确认晶体内的结构。解读脱离出来的运行模式以推断化学结构并不是一个简单的工作，但是晶体学家已经做了很长时间的研究，所以这成为通用的技能。近几十年中，人们一直沿用晶体学的方法来研究无机固体和有机金属合成物的结构。

通常在研究无机化合物时会使用晶体学方法，而且它们也常常被应用于研究其他类型的分子，包括生物分子。虽然获得生物分子，例如蛋白质分子，比较困难，但是在推断蛋白质结构时，晶体学是非常有用的。

▶ 什么是晶格?

结晶固体有着固定的并且不断重复的原子或者分子排列。为了对这些排列进行分类,化学家使用了三维的格子来容纳晶体中最小的重复单元 (被称作单位晶格)。这里涉及很多的数学知识,但我们可以形象地来解释。单位晶格实际上就是一个容纳着一些原子或分子的小盒子。我们画出了这些小盒子的边线,这样如果你把这些相同的小盒子从各个方向排列起来,你就会得到整个晶格的结构。

▶ 所有的晶格都是立方体的么?

换句话说,是否单位晶格的三条边都是等长的? 不是,实际上,立方体只是七种“晶体系统”中的一种。这些系统基于单位晶格的长度和角度。立方体的

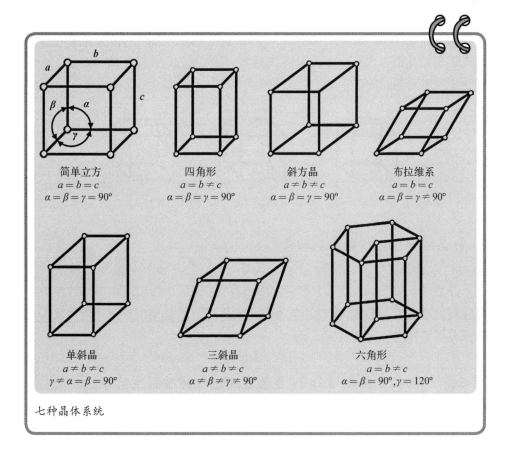

简单立方
$a = b = c$
$\alpha = \beta = \gamma = 90°$

四角形
$a = b \neq c$
$\alpha = \beta = \gamma = 90°$

斜方晶
$a \neq b \neq c$
$\alpha = \beta = \gamma = 90°$

布拉维系
$a = b = c$
$\alpha = \beta = \gamma \neq 90°$

单斜晶
$a \neq b \neq c$
$\gamma \neq \alpha = \beta = 90°$

三斜晶
$a \neq b \neq c$
$\alpha \neq \beta \neq \gamma \neq 90°$

六角形
$a = b \neq c$
$\alpha = \beta = 90°, \gamma = 120°$

七种晶体系统

这一类在三个方向有着相等的长度,并且所有的内角都是90度。如果一边更长一些,我们就得到了四角形的晶格。如果所有的三边都有不同的长度,晶格系统被称为斜方晶系。如果一个角度不是90度,它是单斜晶系。如果所有的角度相等但不是90度,它是布拉维系晶格。如果所有的角度不是90度也不相同,晶格是三斜晶系。

是的,这儿仅仅提到了六种。第七种根本就不是基于立方体的形态。六角形的晶格系统 (你猜也猜得到) 是基于六角形的。

▶ **晶格有哪些可能的组合排列?**

有三种基本的组合排列,我们可以再次用想象中的小盒子来进行描述。如果我们将一个原子放在这个盒子的八个顶点上,这种排列被称作是简单立方。如果我们取一个立方体单元晶格并且在每一面的中心加上一个原子,它被称作面心立方体单元晶格。如果我们在立方体的中心加上一个原子,它被称作体心立方体单元晶格。还有更多的可能性,但这儿描述的三种简单结构涵盖了许多种化学家碰到的晶体。

简单立方　　　　　面心立方　　　　　体心立方

▶ **什么确定了最优的排列组合?**

热力学! 好吧,这是一个逃避问题的答案。相互吸引力 (比如范德华力或者氢键) 在决定晶格的稳定性上能发挥重要作用。最稳定的排列组合也依赖于形成晶体结构的气压和温度。

▶ **对于一种给定的化学分子,是否有超过一种排列组合?**

是的,这种特性被称为多形性,这在大多数类型的晶体材料中都能找到为人熟知的例子——有机分子和无机分子、高分子聚合物、金属。分子在固态的组合方式实际上可以改变它的一些性质。一些在医药中活泼的分子有超过一种固态结构，或者说多形体。有时候，某些药的多形体可以更有效。例如，一种特别的排列能够获得更易于溶解的特性，让它在人体内更加活跃。阿司匹林的第二种多形体 (乙酰水杨酸) 在 2005 年被发现，但它只能在−180℃时保持稳定。

电 和 磁

▶ 顺磁性和逆磁性物质有什么不同？

在化学中，如果原子和分子有至少一个未配对的电子 (有围绕分子的净旋转) 即被认作具有顺磁性。如果所有的电子都配对了，化学家将该化合物归为逆磁性类别。当在顺磁性物质周围施加磁场时，顺磁性的物质将会被吸引过来，而逆磁性的分子将会被磁场排斥。

围绕着磁铁的铁屑，让我们可以了解围绕条状磁铁的磁场形状，包括磁铁的北极和南极

▶ 磁性是怎样产生的？

你最熟悉的磁场类型 (就是让你的磁石吸在冰箱上的那一种) 被称作铁磁性。铁磁性物质是永磁性物质——它们自己也会产生磁场。铁磁性物质有未配对的电子 (所以从上一个问题的信息中我们可以知道铁磁性物质是顺磁性，而不是逆磁性的)。但是铁磁性物质还有一个重要特性——未配对的电子朝向同一个方向，从而产生一个永久的磁场。

让我们从头再看一下：电子有自旋 (是一种量子机械特性，但我们没必要研究那么深入)，这种自旋将产生非常微弱的磁场。如果物质中所有的电子都成

对了,它是逆磁性的。如果有未配对的电子而且这些未配对的电子对于该(肉眼可见的)物质形成了"净自旋",它就是铁磁性的。铁磁性物质是你很熟悉的——它们就贴在你的冰箱上。

▶ 为什么金属之间会相互吸引?

为什么磁铁会吸在你的冰箱上?铁磁性物质会产生它们自己的磁场。这意味着其他的顺磁性物质会被吸到铁磁性物质上。就像它们会被吸引到磁场中一样。大多数的金属是顺磁性的,因此磁铁会吸在你的冰箱上,但是冰箱本身是没有磁性的。

▶ 那么为什么磁铁的不同端会吸引或排斥呢?

记住"真实世界的磁铁"是铁磁性物质——它们有净自旋。重复一下,这是量子力学意义的自旋,但是你可以想象成它们在"向上"或"向下"旋转。在铁磁性物质中,所有的这些自旋都朝向一个方向。如果你把磁铁"顶"端放在一起,它们会互相排斥——磁场往不同的方向施加推力。如果你把"顶"端和"底"端放在一起,它们会互相吸引——磁场往相同的方向施加作用力,就像在磁铁内排列好的电子的自旋一样。

▶ 北极和南极是地球磁场的磁极吗?

在这我们就不过多深入探讨物理的技术细节(当讨论整个星球时,事情肯定会比你的冰箱上的一块小铁块复杂得多)。是的,北极和南极是磁极。但是指南针指向北方,所以我们称之为"北极",实际上是南磁极,另外一端也是如此。

▶ 什么是磁悬浮?

磁铁相互间会产生相互作用力,这种力可以相互吸引也可以相互排斥。如果它们相互排斥,而且通过精密的设计,与重力达成平衡状态,这样磁力就可以

电磁为磁悬浮列车提供了动力和一点点的升力,从而使得磁悬浮列车成为一种高效、平稳和迅速的交通方式

让物体悬浮起来。这一原理被应用到了高速列车上,帮助磁悬浮列车悬浮在轨道上方,并在磁悬浮的托力下快速前进。

▶ 什么决定了金属是良导体?

电流是电子的运动,所以导电物质允许电子自由移动。金属是电的良导体是因为它们的电子结构。在金属中基本上有两大类轨道——价电子带和导电带。价电子带是金属中处于填满状态的轨道,而导电带则是空轨道。它们被称作“带”,是因为它们是由一组紧密排列的能级组成的。金属和其他电的良导体有很小或者根本没有能量间隙。半导体有小的能量间隙,电子能在加热或者光照的情况下从价电子带跃迁到导电带。绝缘体,即不具有导电性的物质,能量间隙就会比较大。

▶ 什么是能量间隙?

物质的能量间隙是价电子带和导电带之间的能量差。这一数字告诉你一种

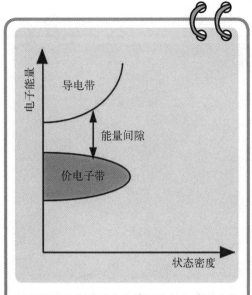

图例展示了物质的导电带和价电子带间的能量间隙。间隙越小,物质的导电性越好

物质的导电性有多强。把电子从填充的轨道提升到空轨道的能量间隙越小 (能量差别越小),物质传导电子的能力就越好。

▶ 能量间隙与光伏材料的设计有何相关?

物质的能量间隙决定了光伏材料 (或者其他材料) 能够吸收哪些波长的光。光伏材料需要能够吸收太阳光的波长,这就要求材料的能量间隙在合适的能量范围内。

有机金属化学

▶ 什么是有机金属络合物?

有机金属络合物分子有着碳原子和金属的键。这些金属包括碱金属和碱土金属 (元素周期表中的第1组和第2组);过渡金属 (第3至12组,包括f块区),有些时候第13组也包括在内。金属和碳原子间的键会因为离子键或者共价键的性质差异很大。在两种情况下,金属和碳原子间的键大多是离子键:(1) 如果金属是正电性的,比如第1组和第2组;(2) 如果碳官能团是稳定的负电离子 (比如像在茂基阴离子中通过共振而离域分布)。也有有机金属分子有着更多的共价键存在于金属原子和碳原子间。通常这种情况会在过渡金属或者像铝这一类的元素中看到。金属和碳原子间的键的性质在有机金属络合物的反应中发挥了重要作用。茂基阴离子的共振结构如下图所示:

▶ 什么是十八电子律?

之前我们讨论过八电子律,说明像碳原子和氧原子在有8个价电子时达到最稳定状态。对于过渡金属来说,如我们提到的,d轨道变得很重要,所以八电子律不再适用。因为有5条d轨道,我们需要另外10个电子来充满价电子层。8+10=18,因此过渡金属中是十八电子律。

▶ 怎样确定有机金属络合物的氧化状态?

有几种方式来应对处理这一问题(当然,每一个化学家都认为他自己的方式是最正确的),但是让我们看一下哪一种方式有可能是最简单的思考方式。我们将只是讨论有着金属-碳键的络合物,不讨论其他配体。如果你很好奇,希望了解硝基氧如何与过渡金属结合在一起,那么,有可能你家里面正好需要一本无机化学的教科书。

好吧,现在让我们看看四(甲基)锆,它没有带净电荷。在这种计数方法中,所有金属-碳键的电子放在碳原子上。所以我们有四个甲基离子和一个锆离子。因为这种络合物没有净电荷,锆金属的核心必须要平衡来自甲基官能团的四个负电荷。锆必须是+4价的氧化状态,很容易,对吧?

再来一个例子:$K_3[Fe(CN)_6]$或者说六氰合铁酸钾。我们再次将铁-碳键中的电子移动到碳官能团,形成六个氰化物离子(CN^-),一个铁离子和三个钾离子。我们有六个负电离子($6CN^-$)和三个正电离子(3个钾离子K^+),所以为了使电荷数平衡,铁原子中心必须是+3价的氧化状态。

$$ZrMe_4 = 4Me^{1-} + Zr^{4+}$$
$$K_3[Fe(CN)_6] = 3K^{1+} + 6CN^{1-} + Fe^{3+}$$

当我们以这种方式计算电子数时,重要的是要记住我们只是在计数。也不要单纯地认为所有的金属-碳键都是一样的,或者认为它们都是离子键——所有的方式只是为了达到计算电子数的目的!

▶ 为什么有机金属络合物是良好的催化剂?

从定义上来说,催化剂提供了生成产物的低能量方式。有机金属络合物与有机分子反应的方式与有机物分子之间的反应很不相同。基本上,这是因为过渡金属有d轨道参与到形成和破坏化学键。与碳、氧、氮等其他有s轨道和p轨道的元素不同,由于具有不同对称方式的更多轨道,因此有机金属络合物能够完成这些任务,但其他元素却无能为力。

▶ 无机物元素在生物系统中重要吗?

绝对重要!不仅仅像钠离子和钾离子这样的金属元素在神经系统中发挥着巨大作用,而且许多酶(自然界的催化剂)在它们的活性部分都有金属离子存在。现在就去找一瓶维生素,看看每天你需要多少种金属元素吧!

▶ 什么是有机金属配体的哈普托数?

有机金属配体的哈普托数是一个非常简单的概念——配体中有多少个原子和中心金属原子配位。化学中,哈普托数常用希腊字母 η 来表示。因此,η^2 表示配体有两个原子与中心的金属原子配位,η^1 表示一个原子等等。最常见的配体哈普托数是 η^1,但是也不难发现其他配体,比如茂基阴离子(通常是 η^5),有着更高的配体数。

▶ 什么是碳烯配体?

碳烯是一个含有二价碳原子和两个未成键价电子的分子。这使得碳原子的形式电荷(参见"原子和分子"一章)是中性的,但是一般情况下还是比典型的四价碳原子更加容易反应。在有机金属络合物中,碳烯常常与中心金属原子产生键结。这些碳烯配体与游离碳烯相比没有那么活泼,事实上你可能会感到有些吃惊,因为有机金属碳烯络合物并不总是由自由碳烯和金属中心反应生成的。

作为一种有机金属配体，碳烯的碳原子可以是亲电体或是亲核体 (参阅 "有机化学" 章节)。碳原子是亲电性质的碳烯配体，被称作费歇尔 (Fischer) 碳烯；碳原子是亲核性质的碳烯配体，被称作是施洛克 (Schrock) 碳烯；第三种类型是很不活泼的碳烯配体，被称作稳定 (Arduengo, 阿尔顿格) 碳烯。

▶ 什么是单齿配体？

单齿配体是指配体通过单一原子与金属中心成键。

▶ 什么是多齿配体？

多齿配体是指配体通过两个或者多个原子与金属中心成键。这样形成的络合物称作螯合络合物。

▶ 最早发现的有机金属络合物有哪些，它们是什么时候被发现的？

最早发现的有机金属络合物中，有一种化合物叫作四甲二砷。这种化合物的化学分子式是 $C_4H_{12}As_2$ (见下方左图)，最早是在 1760 年被发现的，这种物质有毒性和刺鼻的气味。最早发现的铂和石蜡的络合物 $C_2H_4Cl_3KPt$ (也被称作蔡司盐，见下方右图)，是 1829 年被发现的。这些早期发现的有机金属络合物非常有影响，正是在它们的基础上，人类建立了许多对于有机金属化学至关重要的概念。这些例子只是最早发现的有机金属络合物中的几种，迄今为止已经发现了数千种有机金属络合物。

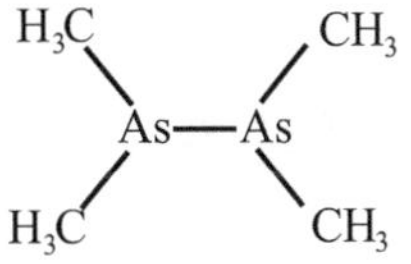

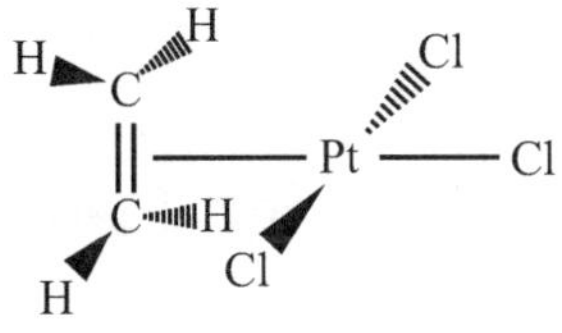

▶ 什么是碳氢键活化反应？

碳氢键活化反应就和它的名字所示的那样——它们会断开不活泼的碳氢

键。考虑到有机化合物中碳氢键的广泛存在，它可以被认为是另外一种既有效又具有选择性的非常重要的反应。成功的碳氢键活化反应也是到了最近才出现（第一个真实的例子是在1965年《化学文摘》上发布的），并且有机金属反应物起到了关键作用来促成碳氢键反应。

▶ 什么是格林尼亚（Grignard）反应？

格林尼亚反应是在有机金属合成中最为人熟知和有影响力的反应之一，主要是因为这一反应能够形成新的碳-碳键。在这一反应中，格林尼亚试剂被加入到醛或者酮的羰基官能团并在羰基形成新的碳-碳键。格林尼亚试剂，是能进行格林尼亚反应的有机金属，通常是通过在烷基或者芳基卤化物中添加镁金属发生。这一重要的发现在1912年被授予了诺贝尔奖，这一反应也是根据发现该反应的法国化学家弗朗索瓦·奥古斯特·维克多·格林尼亚（Francois Auguste Victor Grignard）而命名。

$$R^1-MgBr \xrightarrow{\quad} R^2 \underset{R^1}{\overset{OMgBr}{\diagdown\diagup}} R^3 \xrightarrow{H^+/H_2O} R^2 \underset{R^1}{\overset{OH}{\diagdown\diagup}} R^3$$

▶ 是否反应总是发生在有机金属络合物的金属中心呢？

并不总是这样，反应可以发生在络合物的配体！例如，亲核物质可以加到烯烃配体上，而配体与金属中心相连。

▶ 什么是顺氯氨铂？为什么它可以用于治疗癌症？

顺氯氨铂是铂的化合物（参见下页图结构），它和脱氧核糖核酸（DNA）反应形成交叉链，最终导致细胞程序性死亡，也被称作细胞凋亡。顺氯氨铂在铂类型中首先用于制作癌症治疗药物。它被用于多种癌症的治疗，尤其对治疗睾丸癌特别有效。

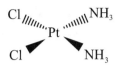

什么是价层电子对互斥模型？

空间排列数	没有孤对电子	一个孤对电子	两个孤对电子	三个孤对电子
2	X — A — X			
3	X — A⟍X ⟋X	E A X X		
4	X A X X X	E A X X X	E E A X X	
5	X X A — X X X	X A X X X	E E X — A — X X	E X — A — X E E
6	X X A X X X X X	X X A X X X X	X X A X X E X	
7	X X A X X X X	X X A X X X X	E X A X X X E	

从最上面一行往下，成键对称性类型是：方位数为2，线形；方位数为3，三角形平面、弯曲形；方位数为4，四面体、三角形金字塔、弯曲形；方位数为5，三角双锥、锯齿、T形、线形；方位数为6，八面体、四角锥、四方平面；方位数为7，五角双锥、五角锥和五边形平面

价层电子对互斥模型 (VSEPR)，是基于一组通过预测在化学键和孤对电子之间的互斥作用力的规则，来预测中心原子的键合几何结构的模型。在这一模型中，两个因素用于预测键合几何结构、方位数和非成键电子中孤对电子的数目。方位数的定义是与中心原子成键的原子数加上非成键电子中孤对数。基于这两个数字，上页表预测了在中心原子上观测到的键合几何结构。需要注意这只是一个推测模型，并不是100%正确。

▶ 什么是群论，它在化学中有什么作用？

群论，从化学意义上说，是关于借助分子的对称性来更好地了解物质的物理属性。通过对分子对称性的检查，它能够被放置在用于描述区分分子对称性的对称操作 (反射的旋转) 的"点群"之中。群论帮助化学家理解相当数量的分子属性，包括分子中轨道能级的间隔、分子轨道的对称性、可能发生的转化 (比如振动和电子激发)，还有由于分子的离域振动的形状分布。令人印象非常深刻的是：利用对称的知识，我们能够了解到许多分子的知识，而无须进行复杂的计算！

▶ 有时候医生的处方中会包含"锂剂"，那么这个"锂"和锂离子电池中的"锂"是一回事吗？

是的，它们是相同的元素。锂有一些非常有趣的应用！它可以用于治疗狂躁型抑郁症，也可以用于制造锂离子电池。它是可以用调羹切开的金属，也是热核反应的点火剂，还是军用车辆比如坦克装甲的组成部分。所有这些应用都源自这一微量元素——锂。

▶ 什么是"硬"和"软"的路易斯酸和碱？

文字"硬"和"软"通常用于描述两种广泛的路易斯酸碱的类别 (参阅"化学反应"章节)。硬酸和硬碱通常有小的原子 (或离子) 半径，高氧化态，高电负性 (对于碱来说)，而且也不容易极化。软酸和软碱则与之相对，它们有相对大的

原子 (或离子) 半径,低氧化态,低负电,而且容易极化。事实表明,硬酸与硬碱的反应迅速,并且会形成更强的键,同样的情形对于软酸和软碱也成立。这一方式对于硬和软的酸碱分类有用,因为可以用来预测和理解无机络合物的反应。

▶ 当你把金属钠加入水中会发生什么?

金属钠与水能够发生剧烈的反应! 钠和水的反应式如下:

$$2Na \text{ (s)} + 2H_2O \text{ (l)} \longrightarrow 2NaOH \text{ (aq)} + H_2 \text{ (g)} + 热$$

你可以看出来,这一反应会产生热量,实际上产生的热量相当可观。这一热量甚至可能让氢气 (反应中产生的) 燃烧,因此根据下面的反应式进行反应:

$$2H_2 \text{ (g)} + O_2 \text{ (g)} \longrightarrow 2H_2O \text{ (g)} + 热$$

从上面两个反应中产生的热甚至可以让任何现在没有反应的金属钠燃烧,反应式如下:

$$2Na \text{ (s)} + O_2 \text{ (g)} \longrightarrow Na_2O_2 \text{ (s)}$$

通过这些反应,应该可以清楚地观察到金属钠与水的反应能够产生大量的热!

▶ 什么是电子顺磁共振(EPR)波谱学?

电子顺磁共振波谱学亦称电子自旋共振 (ESR) 波谱学,它是一种用于探测分子中未成对电子的方法。这种方法与核磁共振 (NMR) 有些相似,并且与电子而非核的自旋状态相关,这一点令人非常兴奋。这一技术的缺陷是,与核磁共振相比,大多数的分子中并不含有未成对的电子,从而无法使用电子顺磁共振技术进行研究。但从另一方面来看,缺少溶剂和其他分子的干涉信号也有可能成为一个有利因素。

▶ 无机化学怎样与生物化学联系起来?

因为金属对于许多生物进程都很重要! 在酶的活性位置 (参阅 "生物化学"

章节），重要的化学反应在此发生，金属中心通常对于加速成键和断键起着至关重要的作用。金属对于维持物质的离子浓度也很重要，使得肌肉能够活动，参与了其他许多生物进程。因此，生物无机化学是一个非常广阔的领域，这两个课程经常同时进行教授。

▶ **为什么金属能够在酶催化过程中成为如此有效的活性位置？**

金属是酶催化过程中至关重要的成分，这主要是因为有机金属络合物是良好的催化剂。这在以下的事例中得到了很好的体现：许多金属中心能够复合成为多种培养基，在氧化状态经历温和的变化，提供良好的电子供体和受体。这些特征能够并且经常会一起发挥作用，完成一些令人瞩目的化学成果。

▶ **什么是核磁共振成像对比剂，它们在医学中有什么作用？**

核磁共振（MRI）成像对比剂让身体内的组织和其他结构更易于在核磁共振扫描下观察。许多这些对比剂都是基于不同配体的钆。对比剂通过注射或者消化方式进入体内，它们改变核磁共振扫描观察的原子弛豫时间。整体的效果就是这些络合物将增进核磁共振看清楚你身体运作的能力。

▸ **为什么钙对于强壮骨骼非常重要？**

你的骨骼需要钙来保持强壮，因为骨骼是由含钙的物质羟基磷灰石构成的，它的化学分子式是 $Ca_5 (PO_4)_3 (OH)$。通常会建议18至50岁的人们每天服用1 000毫克的钙，岁数更大的人们应该每天服用1 200至1 500毫克的钙。

▶ **过渡金属怎样在固氮过程中发挥重要作用？**

固氮过程是一个描述空气中二原子的氮气（N_2）转化成氨水（NH_3）的过程。

这是一个非常重要的生物过程,因为它将氮气,一种非常不活泼的物质转变成为一种更易于与氨基酸以及其他物质复合的形式。过渡金属 (例如钒或者钼) 一般存在于酶的活性部分来完成这一重要的反应。

▶ 为什么金属对于保持细胞的渗透平衡很重要?

金属钠和金属钾 (实际上是它们的离子,钠离子 Na^+ 和钾离子 K^+) 对于经过细胞膜的离子和浓度梯度起到控制作用。这些离子可以被选择性地通过细胞膜。

▶ 为什么过渡金属对于光合作用很重要?

叶绿素,这种绿色素在光合作用中发挥着至关重要的作用,叶绿素中包括有卟啉环中心的镁原子 (卟啉环是一种有机环分子,在许多生物化学系统中都能找到)。镁原子在吸收阳光过程中发挥着至关重要的作用,来自阳光的能量经过分子,最终被植物的细胞使用。

▶ 哪些金属在生物系统中自然存在?

钠、镁、钒、铬、锰、铁、铜、镍、钴、锌、钼和钨都在生物系统中或多或少地自然存在。

▶ 哪些金属可以用作生态系统中的探测剂?

钇、镨、金、银、铂、水银和钆都被曾用作生态系统中的探测剂。

▶ 哪种金属在肝脏里的乙醇脱氢酶中发挥作用?

肝脏里的乙醇脱氢酶的活性部位含有一个锌原子中心,它负责加速从乙醇到乙醛的反应。

七 分析化学

一点点数学

▶ **定量和定性观测的区别在哪儿？**

定量观测，如它的名字所表明的，是观察有多少数量的某物。化学家经常对于测量化学物质的浓度，反应中释放了多少能量，化学键的长度，以及许多其他化学性质的数量感兴趣。分析化学家的一些测量例子包括确定曲奇 (大约10克) 中含有多少脂肪。空气中有多少二氧化碳 (大约百万分之390)，或者你的饮用水中含有多少铅。(希望数量是微不足道的!)

定性观测是观测一个事物的一般性质，但不去计算具体有多少数量。通常而言，这意味着观测并不会给出某物的具体数值，而只是描述某物的性质。定性观测的例子包括一块糖吃起来是甜的，天空是蓝色的，一个环是圆的。

一些观测很难严格地进行区分是定性还是定量的。例如，奥林匹克运动会的裁判可能会给某体操比赛选手打9.5分，表明裁判很喜欢选手的表现。从数量上说，评分可以使不

化学家用定量分析来研究世界，例如，饮用水中的铅或者其他物质的含量

同的竞争者之间进行比较,但是从某些方面而言也有定性的因素在里面,因为评分反映了裁判的意见,这一意见可能会受到不同因素的影响,比如裁判观看得是否足够仔细,哪些体操运动的固定套路会更加被看重,或者仅仅是出于裁判的心情。

▶ 什么是分析物?

分析物就是我们尝试在分析化学的试验中对其性质进行定量分析的一种化学物质。通常,化学家对于测量样本物质中分析物的浓度有兴趣。测量样本物质中分析物的浓度是一种定量观测。

▶ 什么是干扰物?

干扰物是在我们对感兴趣的分析物进行测量时的干扰物质。它们对于我们任何的分析会给出与分析物相似的反应。通常,分析化学家希望在测量之前消除掉所有干扰物,或者谨慎地选择测量方法,从而避免接收到干扰物发出的信息。

▶ 什么是实验误差?

实验误差描述了在重复进行的测量中的差异或者不确定性。这种差异可能来自任何一种源头,比如做测量仪器的质量的局限,实验者精确地重复实验或测量的能力,又或者是被定量分析的物质内在的一些因素。

▶ 实验误差有哪些例子?

例如,我们用计时器来记录赛车在同一赛道的单圈时间。我们记录的单圈时间会受到各种各样外界因素的影响,包括:计时器质量,我们在每一圈精确操作计时器的能力,以及赛车手和赛车在每一圈对于赛道把控能力的差异。

▶ 什么是标准差?

通常报告测量误差的方式是报告一组测量的标准差。标准差是根据如下公式计算的：

$$标准差 = \sqrt{\frac{1}{N}\sum_{i=1}^{N}(x_i - \mu)^2}$$

其中，N是测试次数，x_i是第i次测量的测量值，μ是N次测量的算术平均值。

▶ 饮用水中能够测量到的含铅量的最小值是多少?

铅是我们绝对不想在饮用水中发现的元素。美国环境保护署(从2011年起)确定的含铅量的最大值目标是零，表明在饮用水中没有"安全"的含铅量。环境保护署根据实际情况确定的最大污染级别，是十亿分之十五。那么我们能够测量到多微小的量呢? 很幸运的是，我们可以测量到比上述值更小的量。甚至在1990年的时候，人们就可以检测到低至十亿分之零点一的含铅量。所以分析化学家在确保我们饮用水含铅量的安全方面负有首要的责任(只要有人经常地对饮用水进行检测)。

🔘 什么是信噪比?

信噪比是检测中的信号强度与试验中背景自然差异的比值。有不同的检测信噪比的方法，但较为通用的方法是利用测量的平均值和背景标准差的比值。

例如，我们可能希望用探测仪测量激光束的密度。我们收到的信号是当我们将激光束打到探测仪上后的激光束强度。噪声的测量则是利用了当激光束没有打在探测仪上时周边的光线密度的标准差。

这一定义通常用于观测弱信号如成像和显微。选择合适的方法来报告信噪比需要根据具体的情况，例如数据是否可以取正负值，或者数据只能有正值。

🔘 什么是测定限?

用于测量的测定限是能从背景噪声中区分出来的最少信号量。测定限通常使用置信度来描述在测定范围所检测噪声的置信水平；而正是在这一数据的帮助下，被检测的噪声能够与实验本身所固有的噪声区分开来。

▶ 什么是随机误差？

随机误差是检测值随机地偏离平均值，增加标准差的变量。由于随机误差是随机分布的，因此高于或低于真实值的情况都会被观测到，重复进行实验能够消除随机误差对于检测实验结果的影响。随机误差可以是由电路噪声或者实验环境中的温度和湿度的随机变化产生的。随机误差的特征是相对于平均检测值来说，其值遵循高斯分布。

▶ 什么是高斯分布？

高斯分布是一种概率分布，它只用随机变量的平均值就反映了随机变量分布情况。这是一种最常碰到的统计分布，所以有必要对它有一些了解。只要知道一个变量的概率分布是高斯分布，那么这一变量的分布就可以根据它的平均值和标准差表示出来，分布构成了一个钟形的图形。

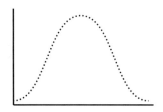

▶ 什么是标准高斯分布的曲线下区域？

就像任何标准化的概率分布一样，高斯分布曲线下的区域总和为1。对于一组事件的概率具有物理上有意义的值，这一点是必需的，因为所有可能性结果的概率综合应当是1（或者说100%）。符合这一要求的分布被称作是标准化的分布，高斯分布通常也被称作正态分布。对于任何高斯分布来说，68%的可能结果落在平均值1个标准差之内，95%的可能结果落在平均值2个标准差之内，99.7%的结果落在平均值3个标准差之内。

▶ **什么是系统误差?**

系统误差和随机误差不一样,系统误差是观测值朝一个方向持续地偏离真实值。一个例子就是如果你从一个错误的角度来读取温度计的数据,你读到其中液体的数值可能总是会比实际值要高。这会造成观测值持续高于真实值的系统性偏差。另外一个例子是如果体重计没有校准,在没有重量的时候还有5克的读数,这会造成观测的重量总是高于实际的重量。

多 次 测 量

▶ **什么是精确度?**

精确度是用来表示测量值有多接近真实值。这应该很容易理解。例如,如果室内真实的温度是20℃,温度计的读数也是20℃,那么测量就是非常准确的。如果温度计的读数是零,那么测量就不是准确的。

▶ **什么是精度?**

精度描述了测量的可重复性,而不论观测值是否与真实值吻合。测量可以非常精确即使结果并非准确。例如,如果你在体重计上称重,体重计少计5千克。你会总是被少计5千克,但这并不是你的真实体重。尽管不是很准确,你得到的值仍然是非常精确的。这种误差不构成对值的本质影响的情况,一般存在于读取值属于系统性误差且误差与真实值相差保持一个常量的时候。

▶ **物质在溶液中的通用浓度单位有哪些?**

液相化学中最常用的浓度单位是摩尔浓度,或者说每升溶液中某种物质的摩尔数。大家应该还记得物质的摩尔数与物质的分子数量除以阿伏伽德罗常量(参阅"化学的历史"中关于阿伏伽德罗常量的内容)。

在分析化学中,用其他的单位来讨论浓度往往会更加方便,特别是当讨论的物质的浓度非常低的时候。其他常用的单位包括百万分率 (ppm)、十亿分率或者万亿分率。这些单位指的是观测的分析物重量与样本总体重量的比率。百万分率是在每克样本中百万分之一 (10^{-6}) 克的观测物质或者分析物。类似的,十亿分率是在每克样本中十亿分之一克 (10^{-9}) 的分析物,万亿分率是每克样本中万亿分之一克 (10^{-12}) 的分析物。也可以在单位容积的基础上使用这些定义中的任何一个,而不是每单位重量的基础上 (尽管这在气态中会更多使用)。例如分析物体积的 1 ppm 表示该分析物占据样本总体积的百万分之一 (10^{-6})。

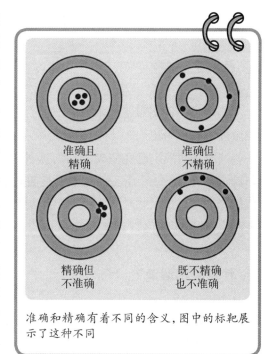

准确且
精确

准确但
不精确

精确但
不准确

既不精确
也不准确

准确和精确有着不同的含义,图中的标靶展示了这种不同

▶ 什么是弯月面,如何对读数进行正确读取?

弯月面是当一种液体装在一个 (通常是狭长,诸如量筒一类) 容器中时液体表面形成的曲面。注意观察右图。

读取容器中液体的容积刻度时取决于我们选择观察弯月面的哪个部分。量筒和其他容器是校准过的,所以我们在平视弯月面中心时,应该能够得到最为准确的读数。如果我们没有平视,那么一种

弯月面

弯月面是在容器中的液体表面形成的曲面,它在一定程度上增加了肉眼读取刻度的难度

叫作判读误差的情况就会发生,将会导致对弯月面的高度做出误判。

▶ 什么是滴定?

滴定是一种实验室技术,用于确定溶液中物质的浓度。滴定是加入一种已知浓度的物质 (滴定剂) 与需要确定浓度的物质 (分析物) 反应。反应中必须有一些迹象表明滴定已经完成,或者,换种说法,必须有迹象表明分析物已经完全与滴定剂反应。一个常见的例子就是用酸来滴定碱。在这些情况中,少量的pH值敏感的颜色指示物被加入,在滴定结束的时候可以通过观测溶液的颜色变化来确定pH值的变化。

▶ 什么是水溶液?

水溶液是任何一种以水为溶剂的溶液。这一术语在化学中常用,所以最好要对它比较熟悉。

▶ 什么是"标准状态"?

标准状态是一组参照条件,通过参照标准状态可以描述/计算其他状态下的性质。例如,一种气体在标准状态下的性质可以定义为它在温度为293.15开尔文和一个大气压下时的性质。关于一种气体在标准状态下的性质的知识可以用于计算该气体在其他状态下的性质。

▶ 什么是化学指示剂?

如我们提及的,滴定成功需要指示表明滴定已经完成了。化学指示剂是通用的确定是否滴定已经完成的指标。在酸碱滴定中,化学指示剂通常是小分子,这种小分子的颜色变化取决于溶液的pH值 (也就是说,根据它们的质子化状态)。在其他的例子中,指示剂有可能因为与溶液中其他物质的结合而改变颜色。也可以使用对于pH值敏感的电极来确定滴定是否完成,而不是依赖于你(或者其他人) 观察溶液的颜色变化。这样的装置会更加准确,因为它不依赖对于颜色变化的定性解读。

▶ 你怎样使用pH试纸？

另一种检测溶液pH值的方法是使用pH试纸。pH试纸是一张小纸条,含有化学指示剂,并且会根据溶液pH值的变化改变颜色,它可以确定很大范围内的pH值。要正确使用pH试纸,pH试纸不应该直接浸入溶液中,而是将一滴溶液滴在试纸上。将试纸贴近颜色刻度表,通过对比从而获得溶液的pH值。由于这一方法也依赖于明显的颜色变化,所以它也不是最准确的测量pH值的方法,但它是一个有用的实验室工具,可快速地估计溶液的pH值。

▶ 化学反应需要多久完成？

化学反应所需的时间跨度很大,可以是几分之一秒,也可以是几千年。时间长短完全取决于反应物转变为产物的障碍有多大。如果是一个简单的酸碱反应,比如将盐酸溶液加入水中,反应几乎立刻就能完成。其他反应则可能较慢,比如车门生锈。你最初注意到的一个小的锈斑,可能需要几年的时间才会布满整扇门。其他的反应甚至会更慢。例如,最慢的人体中生物相关的反应可能需要一万亿年,如果没有酶的催化作用。这比科学家认为的宇宙存在的时间还要长！幸好,酶的演进使得这一反应能够在百万分之几秒内完成。

▶ 其他类型的滴定有哪些？

我们已经谈到了用酸来滴定碱。当然,我们也能用碱来滴定酸,而且我们还有许多其他类型的滴定。让我们再看两个。

络合滴定——这一类型的滴定使用的滴定剂与分析物形成络合物。在这种情况下,未知浓度的物质通常是金属离子,指示剂可能是一种能与金属离子形成弱络合物的色素分子。指示剂-离子络合物的联结比滴定-离子络合物的联结要弱,这样滴定剂能够取代指示剂与金属离子联结。因此,当滴定剂与相当数量的分析物分子联结时,指示剂分子被取代,溶液会改变颜色。

氧化还原滴定——氧化还原滴定中使用还原试剂或氧化试剂来确定未知物质的浓度。在这种情况下,指示剂对于过多的滴定剂的存在会有反应,当滴定剂过多时,指示剂会出现颜色变化。

▶ 什么是缓冲溶液?

缓冲溶液是一种倾向于阻止pH值变化的溶液,即使当酸或碱加入到溶液中时。缓冲溶液或者包含有溶于水中的弱酸和它的共轭碱,或者包含有弱碱和它的共轭酸。当酸加入到溶液中,溶液中的碱将会与酸中的H^+联结,起到阻止H_3O^+出现明显变化,从而"缓冲"pH值变化的作用。同样的,当加入碱时,溶液中的酸倾向于中和碱,阻止H_3O^+出现明显变化,从而缓冲pH值的变化。

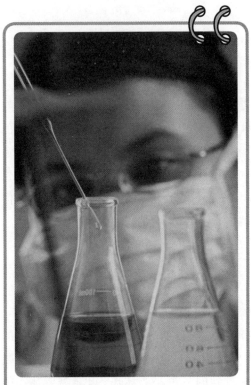

在滴定中,两种溶液——一种是已知浓度,另外一种未知浓度——慢慢地混在一起,直到反应发生。当反应发生时,第二种溶液的浓度就可以确定了

▶ 缓冲溶液怎样在人体中发挥重要作用?

人体血液是非常重要的缓冲溶液!碳酸和它的共轭碱碳酸氢根(HCO_3^-)帮助血液将pH值维持在大约7.4的水平。碳酸缓冲系统是由溶解在血中的二氧化碳(CO_2)与水(H_2O)反应形成的碳酸所产生的。因为血中二氧化碳的数量取决于你的呼吸,你血液的pH值会受到呼吸频率的影响。你的身体实际上能够知道什么时候你血液中的pH值太高或者太低,从而让你来相应地调节呼吸频率!

▶ 什么是沉淀？

在化学中，沉淀有着与天气预报中新闻预测降雨不同的含义。[1]沉淀物是一种不溶于水的固体物质，沉淀描述了沉淀物形成的过程。这种情况通常会发生在一种或者多种可溶于水的反应物发生反应，形成一种或者多种不可溶产物的过程。结果就是一种固体物质会在溶液中形成，或者会沉淀在容器的底部，或者有时候悬浮在溶液中。根据情况的不同，沉淀有时是人们希望获得的结果，有时则不是。

▶ 什么是重量分析？

重量分析指的是任何测量分析物重量数值的方法。对于溶解在溶液中的分析物，这可能需要先让分析物与另外一种物质反应，从而使它能够从溶液中沉淀出来。这种固体的产物能够被过滤然后称重，从而确定最初溶解在水中的分析物的质量。在其他情况下，也可能采用不同的方法，将分析物变成一种适合的形态来称重。但是总的思路是称重的物质的组成是已知的，从而有可能确定最初的分析物的质量。

▶ 质量和重量的区别是什么？

质量和重量是很相似的用语，但是它们略有不同。重量通过告诉我们有多大的重力在吸引该物质，从而告诉我们该物质有多少。另一方面，质量只是告诉我们该物质有多少，而与物质受到的引力无关。有人可能会问，这种区别有什么用处？这种区别是非常有用的。例如，如果我们去到月球，物体的重量就会改变（因为月球上的引力与地球上的不一样），但是质量仍然是一样的，因为该物体是由同样数量的某物质组成的。我们需要确定每个人都是在讨论同一件事情。

我们应当指出，人们通常使用称重器来确定重量或者质量，但是当我们用它们测量质量时，测量所依赖的称重器是根据地球引力的大小来校准的，所以它"知道"通过测量重量来得到物体的质量。

---

[1] 英文中，沉淀与降水都使用单词"precipitation"。

▶ 什么是分光光度法？

分光光度法是一种测量方法，它让光线穿过试验样本，来测量穿过样本或者被样本反射的光线部分。这种方法对于确定溶液中分析物的浓度和确定分析物是什么有用。

比尔定律 (Beer's law) 对于分光光度法特别重要。比尔定律告诉我们物质的浓度与它在溶液中吸收光的能力直接相关。这意味着如果我们知道分析物在已知溶液中的吸收强度，我们就能够确定分析物在其他溶液中的浓度。

▶ 什么是电解液？

电解液是含有离子 (带电颗粒) 能够导电的物质，通常是含有溶解离子的溶液，比如氯化钠的水溶液 (含有氯离子和钠离子)。溶液中存在的离子让溶液具有导电能力。也是因为这个原因，当你在浴室中吹干头发时，把插座弄湿了是很危险的事情。纯水本身并不导电，但是水中总会有一些离子存在，让水龙头中流

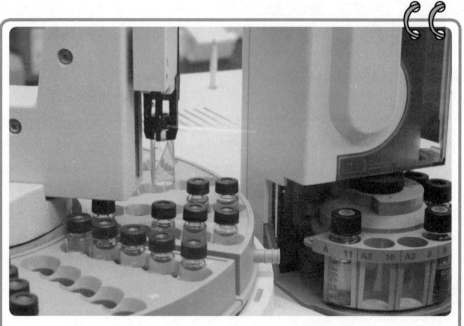

自动取样机选择被气相层析法分离的样本，气相层析法是几种层析技术之一

出的水成为电解液。

在日常的事物中,电解液也是很重要的。人体的体液,以及其他生物体中的液体,含有自由离子从而是电解液。细胞液中的离子浓度对于细胞进程和机体功能都很重要,比如对于肌肉和神经的活动。

▶ 什么是层析法?

层析法是一系列将化学混合物的组成物分开的技术。最常用的层析法是柱层析法。这种方法将混合物溶解到溶液中然后让溶液流过固定物质,溶液中的混合物的成分与固定的物质发生不同程度的反应。随着液体流过固定柱,组成成分中反应最强烈的停留时间最长,反应弱的则会首先从中通过。然后会将液体收集在一组小玻璃瓶和试管中,每一试管中希望只含有混合物的一种组成成分。然后溶剂可以在小玻璃瓶中被蒸发掉,从而获得混合物中的每一种成分。有许多种层析技术,通常都遵循如柱层析法同样的基本原则。

▶ 术语"易混合的"和"不易混合的"是什么意思?

"易混合的"和"不易混合的"指的是当两种液体接触形成一种单一的溶液时的情况。两种易混的液体能够混合在一起形成同一溶液,两种不易混的液体将形成单独的分层。如果液体是不易混的,密度小的液体将留在上层而密度大的液体将留在底部。

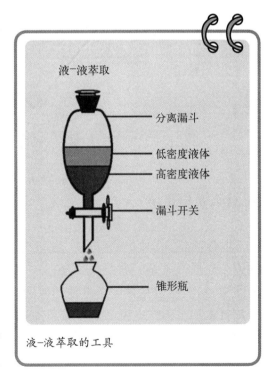

液-液萃取的工具

液-液萃取

分离漏斗
低密度液体
高密度液体

漏斗开关

锥形瓶

▶ 什么是液-液萃取?

萃取是根据混合物中的成分在不同介质中的可溶性来分离成

分的技术。液-液萃取使用两种不易混的液体来分离混合物的不同成分。两种液体被放置在同一个容器中，然后用力摇晃使得可溶的混合物成分在两种液态中达到均衡。然后将一种液体从容器中抽出，再用蒸发溶剂的办法来分别获取混合物中的不同成分。

▶ 什么是王水，它的用途是什么？

王水是拉丁文"皇家之水"的意思，它是浓硝酸和浓盐酸的混合物，通常比例是1∶3。由于两者都是强酸，所以王水很危险，必须非常小心地使用。这一混合物能够溶解好几种金属，而且其在化学中有多种应用，包括提取纯度非常高的金子！

▶ 什么是氧化-还原反应？

氧化-还原反应是电子在两种物质中发生交换的化学过程。氧化是物质失去电子的过程，所以如果一个分子失去一个电子，它就被氧化了。还原反应是物质得到电子的过程，所以如果一个分子得到了一个电子，它就被还原了。氧化和还原反应在电化学领域中特别重要。

电 化 学

▶ 什么是电化学？

电化学是化学的一个分支，它研究电解质中分子和介质间交换电子的知识。介质通常是一种导电金属。电化学是一个范围广阔的学科，它的成就非常多，其中包括推动了电池的发展，创造了一种称之为电泳的通用化学分离技术和被称作电镀的涂覆金属的工艺流程，以及关于氧化-还原化学的海量知识。

▶ 什么是电化电池?

一个常见的电化学中的氧化—还原反应的例子就是在电化电池中电子从锌金属到离子的交换。

锌 (Zn) 比铜 (Cu) 更容易贡献电子,所以电子自发地从锌金属流向铜金属,从而溶液中会聚集 Zn^{2+} 离子,铜则从溶液中析出附着在固体上。这一过程释放能量可以用于驱动外部进程 (例如点亮灯泡)。

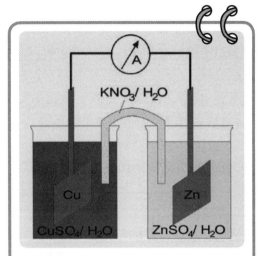

在电化电池的这个例子中,锌片 (Zn) 和铜片 (Cu) 被分别放置在硫酸锌和硫酸铜的溶液中,两者通过硝酸钾桥接。锌阳极提供电子并转移到铜阴极,从而形成电流

▶ 金属是怎样被涂覆到物体表面上的?

金属可以通过在电化学中称作电镀的工艺涂覆到物体表面。带正电的金属离子溶解在溶液中并被带负电的电极吸引。电极还原 (贡献电子) 带正电的金属离子,使得它们成为电中和的金属。电中和的金属不再溶于水,所以它在电极的表面形成了一个覆盖层。

▶ 电池怎样工作?

电池工作原理是基于氧化-还原反应来形成自发的电子流,从而给指定物体供电。

▶ 为什么有些电池可以再次充电,而有些不行?

电池通过化学反应产生电

充电电池可以再次工作,因为相较非充电电池而言,电池的可逆反应可以比较容易地多次进行

流。所以要重新给电池充电，我们必须能够逆转放电的化学反应。实际上，大多数电池的化学反应都是可逆的，但是我们需要考虑逆向反应的效率。可再次充电的电池的可逆反应必须可以比较容易地多次进行，同时电池的材料也不会出现大的衰减。一次性电池中发生的化学反应只能可逆和重复使用几次，之后它们就不能正常地工作了。

▶ 什么是电化电池的还原电势？

物质的还原电势描述了它接受电子的倾向，或者说，被还原的倾向。一个充满的电化电池通常有两个独立的半反应，每一个与它自己的还原电势有关。一个电化电池总的还原电势是两个半反应的还原电势的差值。

▶ 什么是能斯特方程式（Nernst equation）？

能斯特方程式将电化电池的还原电势与标准还原电势，以及温度、反应系数、反应中转移的电子数联系起来。它最早是由沃尔特·能斯特（Walther Nernst）发现的，能斯特在1920年获得了诺贝尔化学奖，以此表彰他在物理化学领域所做出的重要贡献。

▶ 什么是热量测定，它的用途是什么？

热量测定是测量在化学反应中以热的形式释放的能量，测量过程使用叫作热量计的装置。热量计是一个容器，可以用于在其中进行化学反应，热量计与周围是隔热的。这个装置可以是很简单的保丽龙（Styrofoam）咖啡杯，并通过盖子插入一支温度计（当然装置也可以更加精密）。热量计中的温度变化能被观测到，以用来确定在化学反应中释放的热量，这样热量测量的结果可以用来确定反应的热含量变化。

▶ 什么是火焰电离检测？

火焰电离检测（FID）是一种检测有机分析物气相层析实验。使用高温火焰来燃烧从层析装置中出现的分析物，由此产生带有正电的离子。此后这些离子被吸引到带负电的电极上，以此来检测这一过程产生的电流量，以及与电流量成正比的被吸引到电极上的带正电的碳原子数量。FID是一种非常有用的方法，因为它可以在不受其他多种气体干扰的情况下检测有机分析物，这些其他气体可能在样品中或者气相层析中作为传输气体存在。但FID的使用也有一些不利因素，比如它在分析样本的过程中会破坏样本。

我们生活中的分析化学

▶ 分析化学如何应用在医药学中？

　　分析化学这一技术一般应用于医药的许多领域。例如，当从你的体内抽血后，医生会使用从分析化学中得来的技术来确定你体内几种分析物的含量，包括胆固醇、维生素、葡萄糖和白细胞。黏膜样本的分析和其他生物液的分析也是基于分析化学的技术。其他的医学相关的应用包括检测使用违法药物和类固醇，糖尿病患者的葡萄糖感应器，或者检查你体内的毒素水平以确定你是否暴露于危险化学品中。

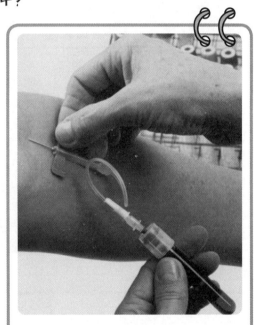

分析化学在医药中的应用广泛，例如当从你身上抽血，然后检测血液中的葡萄糖、胆固醇和其他化学物质的含量时就要使用到它

▶ 哪些分析化学的方法被用于药品的质量控制？

　　药品质量控制中最常用的分析方法包括红外光谱、紫外线/可见光分光谱测量、熔点确定、基于颜色变化的反应，以及不同种类的层析法，包括薄层层析法、高效液相层析法和气相层析法。

▶ 加油泵上不同的辛烷值是什么意思?

辛烷值是衡量油料在燃烧前能够承受的压力的度量值。"辛烷值"这一名字源于异辛烷被作为标准来衡量油料的压缩特性。有89标号的油料表示它承受压力的能力与89%的标准异辛烷和11%的庚烷的混合物一样。在现实生活中,汽油中含有许多其他成分。有着更高辛烷值的油料通常用于性能更高的车辆。因为有些燃料可以承受的压力比标准异辛烷更高,因此超过100的辛烷值是完全有可能的。

加油泵上的数字表明了辛烷值,这一数值与油料在燃烧前能够承受的压力相关

▶ 如何确定非法麻醉品的存在?

分析化学家发明了一些简单的化学测试能在几秒钟内确定是否存在非法毒品。当执法官员不确定某人是否使用了这些非法麻醉剂时,他们通常使用这些方法。一个通用的现场检测可卡因的方法是使用硫氰酸钴络合物,它在有可

卡因的情况下会变蓝。

▶ 法医怎么发现血迹的存在?

紫外光源能够用于发现被清理过的血渍。也可以使用化学物质,比如鲁米诺或者酚酞来发现血红蛋白,从而发现血迹,即便肉眼可见的血渍已经被清理干净了。

▶ 酒驾测量仪如何工作?

当人往酒驾测量仪中吹气时,他们呼出的气体会进入装有两个锥形瓶的空间。其中一个含有硫酸的水溶液、硝酸银 (作为催化剂) 和重铬酸钾。气体以气泡的形式通过混合物——硫酸和重铬酸钾、酒精发生反应,产生硫酸铬和其他产物。硫酸铬的铬离子在溶液中呈绿色,而最初的重铬酸离子是红色/橙色的。第二个锥形瓶含有同样的反应物,但是不与气体样本反应,而是作为对比的标准。接触气体样本的颜色变化由一个光电池 (光感应器) 监控,从而确定气体样本中的酒精含量。

▶ 食品营养标签上的数量是怎样确定的?

食品中含有的热量 (卡路里,1卡路里 = 4.19焦耳) 可以使用简单

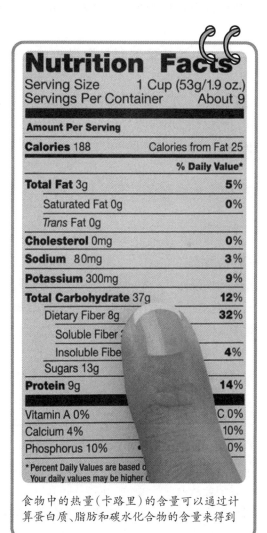

食物中的热量(卡路里)的含量可以通过计算蛋白质、脂肪和碳水化合物的含量来得到

的测定实验来确定。食物仅仅只需要放置在热量计量仪中燃烧，然后确定它的热量含量。现在，食品中热量的含量也可以简单地使用每克蛋白质中的热量标准含量 (16.74焦耳/克) 来确定，脂肪是37.68焦耳/克，碳水化合物是16.74焦耳/克。

想要准确确定食物中的蛋白质、脂肪和碳水化合物的含量，分析化学就变得很实用。基本的概念是将脂肪、蛋白质和碳水化合物从食物中提取出来。这可以通过选择合适的溶剂来溶解脂肪、蛋白质、碳水化合物来实现，然后是使用光谱测量法或者其他方法，来确定溶液中每种物质的含量。

▶ **食物中的热量和科学家使用的能量单位是一回事么？**

列在食物标签上的热量如果转换为标准单位的能量，实际上是千卡热量。所以，如果你的盒饭上面标准的热量为"100"，按照科学家使用的能量单位，其实是"100 000"。

▶ **什么是雾霾？**

雾霾的英文词 (smog) 来源于烟 (smoke) 和雾 (fog) 的组合。现在，它用来描述一种大气污染，一旦出现在大气中，它会与阳光反应形成更多的污染物。主要的污染源通常是机动车、工厂、发电厂和燃烧燃料。雾霾的主要化学成分是臭氧、氧化亚氮、二氧化氮和多种有机化合物。雾霾在全球许多大城市都存在。它对于人体健康有害，也是造成许多健康问题甚至死亡的元凶。

▶ **怀孕检查是怎样的？**

怀孕检查是通过检测一种被称作人类绒毛膜促性腺激素 (HCG) 的荷尔蒙来完成的，这种激素受孕后在胎盘中产生。荷尔蒙HCG会在受孕一周后存在于血液和尿液中，它可以在怀孕检查中通过指示剂分子来检测，指示剂分子会与荷尔蒙结合从而改变颜色。你买到的试纸与医生使用的实际上很类似。最大的不同是医生办公室会有更加熟悉这些测试的技师，因此在做测验和解读测验结果时不容易出错。

八
生物化学

生 命 分 子

▶ 什么是生物化学?

生物化学是研究和解释在生物系统中发生的复杂化学进程领域的科学。这是一个非常丰富多彩的研究领域,它要使用到几乎所有化学学科的子领域的知识来解释驱动生命的各种分子进程。通常,生物化学家研究的反应顺序和催化进程中的分子会比在化学其他子学科所遇到的分子要大得多。在生物化学中经常碰到的主题包括研究我们体内的细胞如何获得能量,理解我们的基因 (DNA) 如何传递遗传信息,以及解释我们的身体如何控制和贮藏我们从食物中摄入的营养成分。

▶ 在哪些行业中生物化学的知识会很重要?

生物化学对于那些对人用医药、兽药、牙科、药学和食品科学有兴趣的人们很重要,并且对于几乎所有的物理学科或者生物学科以及工程学科的子学科都很重要。这个清单当然没有包括所有的行业,但是你可以发现在许多领域工作的人们都在应用生物化学的知识。

▶ 生物分子是在哪儿发现的?

生物分子是特指在生命体内发现并且能够有一些与生命相关的功能的分子。这包括在植物、动物、昆虫、细菌甚至是病毒(病毒从技术意义上来说通常不被认为是"活"的)中发现的分子。生物分子的大小变化很大,有一些只有50个原子重量单位(amu),而其他的可能会有几百万amu。这些分子在我们的毛发、皮肤、黏膜、器官,体内任何地方都能被发现。

▶ 什么是细胞?

细胞是组成所有生命体的基础结构。最小的有机体,比如细菌,可以仅仅由一个单细胞组成,这些单细胞组成的有机体被称作单细胞生物。其他的有机体,

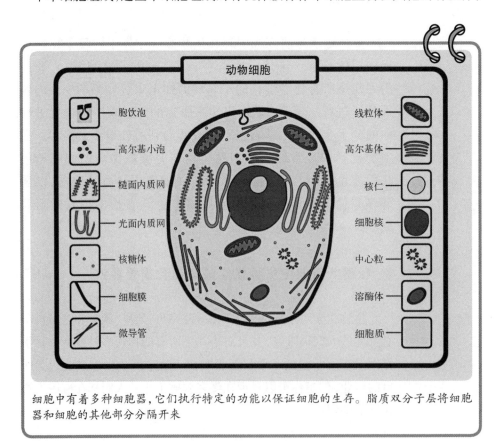

动物细胞

胞饮泡 —— 线粒体
高尔基小泡 —— 高尔基体
糙面内质网 —— 核仁
光面内质网 —— 细胞核
核糖体 —— 中心粒
细胞膜 —— 溶酶体
微导管 —— 细胞质

细胞中有着多种细胞器,它们执行特定的功能以保证细胞的生存。脂质双分子层将细胞器和细胞的其他部分分隔开来

比如说动物和人类,是由许许多多细胞构成的。一个典型的细胞很小,通常是10^{-4}或者10^{-5}米。细胞小到我们无法用肉眼看到,但在显微镜下面我们可以看到细胞。

▶ 你的身体中有多少细胞?

成人的身体是由大约50万亿个细胞组成的!

▶ 什么是细胞器?

细胞器是在活细胞内具有特定功能的结构单位。细胞器被脂质双分子层与细胞的其他部分分隔开来,从而让它能够维持与细胞其他部分不同的溶质浓度。

▶ 生物分子有哪些主要分类?

有四种主要的生物分子:蛋白质、碳水化合物、脂类和核酸。蛋白质是种类最为多样的生物分子,它们能够执行许多功能,比如保护身体免受病原体的伤害,或者作为催化剂参与化学反应。当你的身体需要时,碳水化合物可以是能量来源。脂类包括脂肪分子,用于贮藏能量,也用来形成细胞周围的细胞膜。核酸是组成我们基因的材料并且用于储存遗传信息。我们将在下文更多地讨论这几类生物分子。

▶ 核酸的基本结构是什么样子的?

核酸的基本结构如下所示:

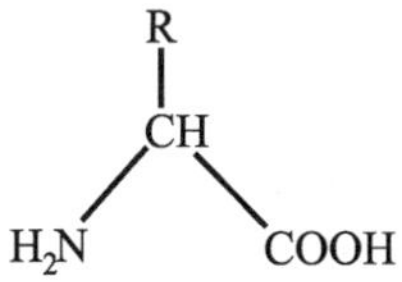

$$R$$
$$|$$
$$CH$$
$$H_2N \diagdown \quad \diagup COOH$$

每一个核酸都有一个氨基 (NH_2) 官能团、中心碳原子 (被称作阿尔法碳原

133

子)、侧链 (含有 R)、羧酸 (COOH) 官能团。核酸官能团与羧酸官能团能加入到链中形成高分子核酸, 被称作肽。两个核酸形成二肽, 三个核酸形成三肽, 四个链的或者更多个核酸的被称作多肽。长的多肽按照特定的方式折叠形成蛋白质。

▶ 在人体内找到了多少种核酸?

通常在人体内能找到二十种核酸。它们根据侧链的特征被分成四类。这四类是极性、非极性、酸性和碱性。这二十种核酸组成了你体内所有的蛋白质和酶。不同的核酸之间的相互作用决定了蛋白质的整体构象, 尽管核酸的顺序和蛋白质采用的结构之间的关系很难预测。

▶ 为什么所有生物系统中的核酸都有着同样的手性?

这个问题的答案不确定, 但是在这一领域的研究有一些有趣的发现。研究表明生命 (就今天存在的生命体而言) 不能从外消旋的核酸混合物中产生, 因为手性中心的存在对于许多生物分子的生物功能至关重要。DNA 的自我复制依赖于手性中心的存在, 如果没有共享的手性, DNA 复制中的差错率将会在许多寿命更长的动植物中造成严重问题。关于手性起源的一个推测是从外空间到达地球的分子已经存在净手性。另外一个推测是核酸中的净手性是在很短的时间内在地球上出现的。思考这个问题是很有意思的, 这个话题仍然在继续研究和讨论中。

▶ 蛋白质是什么?

蛋白质中包括一个或者多个核酸长链, 长链以特定方式折叠排列, 每条长链都认为有某种生物功能 (尽管我们不确定每一个蛋白质是否都有生物功能——许多生物科学家仍然在努力研究, 希望能够找到每个蛋白质的功能)。一些蛋白质保卫器官免受入侵病原体的攻击, 一些帮助在身体的不同区域间传递信息, 一些负责肌肉运动, 还有一些为细胞提供结构支撑。许多蛋白质也被归类于酶的体系。酶是对在生物系统中催化特定化学反应的蛋白质的称呼。

▶ 什么是肽键?

肽键,是在肽中连接单个核酸间的键。看一下下面肽的结构图。

肽键的形成是由一种叫作核糖体的结构来实现的,核糖体负责产生基于RNA分子中存在的核苷酸序列的肽和/或蛋白质。我们随后将讨论这一过程的细节。

▶ 什么是酶?

酶是一种蛋白质,它的作用是作为催化剂参与生物系统中的化学反应。一些酶所执行的功能是合成蛋白质和其他生物分子,消化脂肪和其他分子,有时候它们还会在自然生态环境之外应用于工业生产中。

▶ 什么是活性部位?

每一种酶都有一部分被称作活性部位,在这一部位发生催化活动。活性部位会呈现这样的形状,能够降低要实施的化学反应的能量势垒。值得注意的是,反应物最初必须连接在活性部位,它们在反应后应该从活性部位脱离。

▶ 什么是蛋白质的天然状态?

由于在蛋白质中有很多原子,因此蛋白质可以折叠成多种构造。天然状态是在自然生态环境中蛋白质的结构。这通常是蛋白质能够采用的最低的能量结构。蛋白质在它的天然状态能够进行生物功能,而一个不能达到自己天然状态的蛋白质常常做不到这一点。如果蛋白质被从细胞中取出来,与pH值或者其他与蛋白质环境相关的因素,将会促使它采用天然状态以外的构造。

▶ 蛋白质可以采用多少种不同的构造?

很多种。对于一个典型的由100个核酸组成的蛋白质,可能有 3^{198} 种可能的构造状态。这将会导致所谓的利文索尔佯谬 (Levinthal's Paradox) ,这与蛋白质怎样进行折叠构象有关。如果蛋白质只是随机地尝试 3^{198} 种可能的构造,它将需要——平均而言——超过宇宙存在的时间来完成!

幸好蛋白质并不是随机地进行可能的构造。折叠路径的能量度量,以及核酸间的相互作用,引导蛋白质朝向能量更低的状态。这使得蛋白质在折叠形成天然状态的过程中避免选择那些不重要的构象。

▶ 糖是什么?

糖属于生物分子中的碳水化合物类型,碳水化合物是由碳原子、氢原子和氧原子组成的。最简单的糖叫作单糖,但是,就像氨基酸一样,它们可以聚合形成双糖和低聚糖。糖能以环形或者开链形式存在,如下图所示。图中的糖称作葡萄糖,是人体内作为能量时最为常用的糖。

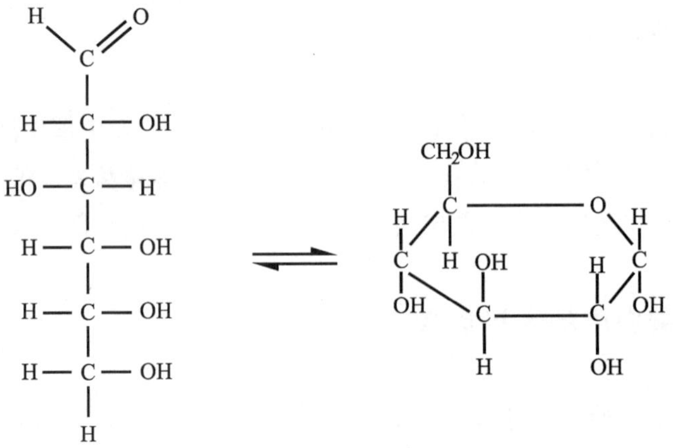

▶ 糖在体内如何储存?

人体将过多的糖转化为被称作糖原的支链多糖储存起来,而在植物中则是以淀粉这种多聚物的形式储存。

▶ 如何调节葡萄糖的浓度?

在人体中,葡萄糖在血液中的数量任何时候都受到非常精细的调节。如果血糖水平太高,你的身体就会释放一种叫作胰岛素的化学物质到血液中,指示将过多的悬浮在血液中的葡萄糖转化成糖原。同样的,如果你的血糖水平太低,你的身体会释放一种叫作胰增血糖素到血液中,告诉你的身体开始分解糖原,释放更多的葡萄糖到血液中。

▶ 什么是糖苷键?

糖苷键是一种化学键,它将一个碳水化合物和另外一个碳水化合物分子(或者另外一种物质)联结在一起。糖苷键将组成糖原或者淀粉的葡萄糖单糖个体连在一起。下图展示了糖苷键。

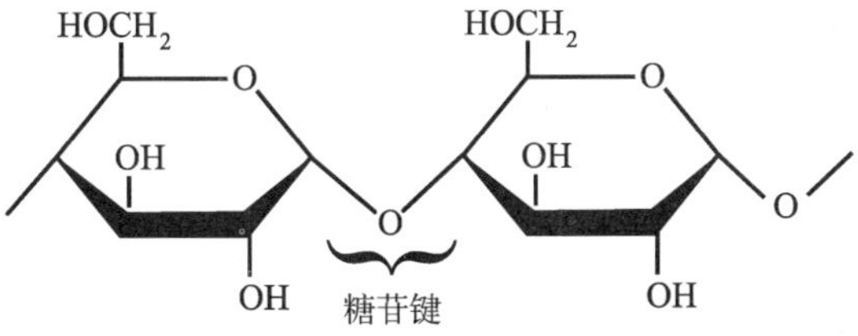

用于催化糖苷键分解的酶叫作糖苷水解酶。这种酶是将葡萄糖从储存中释放出来的必需品。用于形成糖苷键连接的酶叫作糖基转移酶。

▶ 什么是皂化?

皂化是一类甘油三酸酯的酯类官能团在碱性条件下水解的化学反应。这一术语也可以用于任何酯类的水解。

遗 传 学

▶ 什么是核苷酸?

核苷酸是另一类生物分子的基本单位：它们在一起组成了人类的DNA或者RNA (核糖核酸)。DNA和RNA是储存你身体的遗传信息的大分子。核苷酸由三部分组成：氮基、糖和磷官能团。氮基的特征决定了这个核苷酸与遗传密码中的哪个"字母"相对应，而糖的类型决定了核苷酸是核糖还是脱氧核糖 (实际上是告诉我们核苷酸将是核糖核酸的一部分还是脱氧核糖核酸的一部分)。

▶ 什么是核酸?

核酸是由系列成链的核苷酸形成的多分子聚合物。DNA和RNA是生命体最重要的两种核酸，因为这两种核酸携带和传递我们的遗传信息。在人体中，DNA存在于细胞核中，一整套完整的遗传信息实际上存在于每一个单独的细胞中。这也意味着我们每个人体内有大约50万亿份携带自己遗传信息的拷贝！RNA是由被称为RNA聚合酶的一种酶制成的，RNA聚合酶将DNA的信息转录到RNA带上，RNA可以在细胞中移动来执行自己的功能。

▶ 在人体中已经发现了多少种核苷酸?

核苷酸的命名与核苷酸中的氮基 (含氮碱基) 有关，只有五种类型的氮基：腺嘌呤、鸟嘌呤、胞核嘧啶 (在DNA和RNA中都存在)、胸腺嘧啶 (只在DNA中存在) 或是尿嘧啶 (只在RNA中存在)。相应的核苷酸被称作脱氧腺苷酸 (DNA) /腺苷酸 (RNA)、脱氧鸟苷酸 (DNA) /鸟苷酸 (RNA)、脱氧胞嘧啶核苷酸 (DNA) /胞嘧啶核苷酸 (RNA)、脱氧胸腺嘧啶核苷酸 (DNA) 和尿嘧啶核苷酸 (RNA)。所有我们体内的遗传信息存储在我们的DNA中，使用仅仅四种核苷酸的排序。想象一下如何仅仅使用四个字母制造整个机器并让其工作——这就是我们的遗传信息做的事情。

▶ 什么是DNA的结构?

DNA的双螺旋结构为人所熟知。詹姆斯·沃森 (James Watson) 和弗朗西斯·克里克 (Francis Crick) 于1953年使用从X射线衍射实验中得到的数据首先发现了这个结构。

DNA的双螺旋之间由氢键和氮基芳族环间的堆垛作用联结。这些强相互作用力让双螺旋结构变得很稳定。但同时,在转录DNA到RNA时,双螺旋结构会暂时解开。这一过程是由一种叫作解旋酶的物质来完成的。

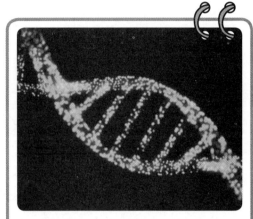

DNA看起来像被扭曲的梯子。梯子的每一节包括成对的核苷酸,它们排列的顺序形成了基因密码指令,告诉我们的身体怎样成长和运行

▶ 什么是磷酸二酯键?

磷酸二酯键是形成DNA和RNA分子的基础。这些键的作用力将单个的核苷酸或者DNA和RNA中的核苷连接在一起。聚合酶的催化作用能够加速它们的形成 (DNA聚合酶作用于DNA,RNA聚合酶作用于RNA)。下页的图片具体介绍了磷酸二酯键的化学结构。

▶ 信息是如何在RNA和DNA中编码的?

DNA中核苷酸的顺序在最开始解开DNA的双螺旋结构时是只读的 (这一过程由解旋酶完成)。信息被RNA聚合酶"读取",然后转录到相应的RNA上。如果RNA的目的是给一个蛋白质编码,那么它之后会被一个叫作核糖体的结构读取,它将会根据RNA链上特定的核苷酸排列来生产蛋白质。

DNA 的核苷酸排列（因此也是 RNA 中核苷的排列）对于决定蛋白质的功能非常重要。核苷酸是三个一组被读取，这些以三为基数的组被称为密码子，由其告诉核糖体将何种氨基酸加入到它产生的肽或者蛋白质中。也有某种密码子告诉核糖体来开始或停止生产肽。任何在复制 DNA 或者 RNA 中发生的错误都有可能会造成严重的后果。所以完成这些过程的细胞机制必须非常精确。

▶ DNA中有错误会造成什么问题?

如果在 DNA 复制的过程中间发生错误，它们可能会造成严重的生物和生理影响。许多疾病都被认为与遗传顺序的错误有关，其中包括囊肿性纤维化、镰状细胞贫血症、血友病、亨廷顿式舞蹈病、泰-萨二氏病，以及其他一些遗传性疾病。一些疾病或者身体异常可能与基因之间的联系更加复杂，这样携带者可能或多或少地比其他人更加容易受到影响。这一类的疾病或者异常包括诸如癌症、智力/情绪异常、哮喘、心脏病和糖尿病一类的病症。幸运的是，我们拥有几种DNA修复机制，它们会经常查看和帮助受到损伤的DNA。

▶ 什么是基因？

基因是遗传的基本单位，是生物体内包含特定形状特征的性状信息的一个核苷酸序列。每一个人体内的每个基因实际上都有两个副本，其中一个来自父亲，而另一个来自母亲。实际上，并没有一个基因的"典型大小"标准。对于一个基因而言，基因中碱基对的数目范围可以从仅仅几百个到几百万个。大部分我们基因中的遗传信息在不同人之间都是相同的。不到1%的DNA中的不同解释了人与人之间所有的身体差异。

▶ 什么是染色体？

染色体是打包在一起的DNA和蛋白质。它们是当DNA没有被任何一种酶"读取"的时候，储存在你的细胞中的方式。每条染色体含有大量的基因。每个人都有46条染色体，所有的这些染色体都存在于身体的每个细胞中。染色体的DNA在能够被RNA聚合酶或其他酶读取之前，都需要由酶来"解包"。

▶ 什么是基因治疗？

基因治疗是一种医疗方法，该疗法试图纠正有缺陷或者致病的基因。基因治疗有几种方法，所有这些方法都围绕获取基因组中嵌入的可正常运行的基因拷贝为目标。一些方法包括修复突变基因，而其他只需要添加一个工作基因到基因组中的非特定位置。

▶ 什么是基因工程？

基因工程是改变细胞或有机体的基因构成的过程，从而制造有特定特征的新版本细胞或有机体,甚至产生新的有机体。

▶ 真核生物和原核生物之间的区别是什么?

原核生物的细胞不具有细胞核,而真核生物的细胞具有一个细胞核。原核生物通常是 (但并非绝对) 单细胞生物体。除了没有细胞核,它们还缺乏由膜包裹的单独的细胞器。所有的蛋白质、DNA,还有其他分子都散布在原核细胞中,它们分布在细胞膜内但没有被分隔在不同的区间。典型的真核生物通常在细胞中有由膜包裹的细胞器。它们可以是单细胞或多细胞生物体。每一个大型生物 (动物,植物,真菌) 都是真核的,而且许多小的单细胞生物也属于这一类。

代谢和其他生化反应

▶ 脂肪酸是什么,饱和脂肪酸和不饱和脂肪酸之间有什么不同?

脂肪酸是有机长分子,在分子的一端含有羧酸官能团,在另一端有非极性的长尾。它们是体内重要的能量来源,因为它们可以在体内代谢生成ATP (三磷酸腺苷) ,作为身体使用的能量。当你查看食物的营养信息时,通过观察脂肪酸的结构,饱和与不饱和脂肪的概念就可以理解了。饱和脂肪是那些每个碳原子间只有单键联结的脂肪。你可能还记得双键和三键被称为不饱和度。不饱和

饱和脂肪

不饱和脂肪

脂肪是含有不饱和度的任何脂肪,或者换句话说,链中的一些碳原子间含有双键。所有的脂肪要么是饱和的,要么是不饱和的。

你可能会问,所有人都在谈论的食物中的"反式脂肪"是什么?首先我们应该指出,在自然中的大多数不饱和脂肪酸为双键的顺式结构(碳的取代基都是在同一侧)。反式脂肪都含有人工添加氢的脂肪,它可以导致不饱和脂肪形成双键的反式结构。有证据表明,这些反式脂肪会比其他脂肪对你的健康更加有害。

▶ 脂类是什么?

脂类是一类非极性或两亲性分子,包括脂肪酸、维生素、甾醇、蜡等等。两亲性分子是一个既有亲水也有疏水的官能团,即分子的某些部分会与极性官能团进行反应,而其他部分则不会。

▶ 维生素分子的化学结构是什么样子的?

以下是一些常见的维生素分子结构。它们通常的分子质量在100—1 500克/摩尔之间。

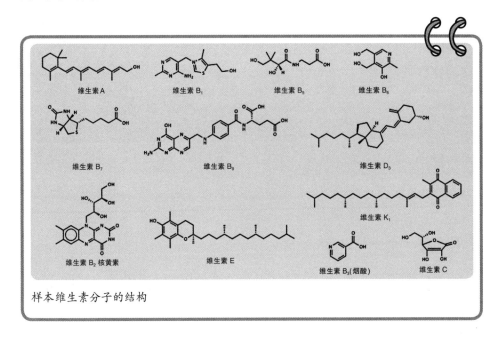

样本维生素分子的结构

▶ 什么是脂质双分子层?

脂类很重要,它们形成保护细胞的双层膜,并把它们聚在一起。在脂质双分子层中,非极性尾部聚集在双层内壁,使得每个脂质分子的极性端,与其周围极性、水相环境以及此种环境中的细胞互相作用。在脂质双分子层中,脂质分子仍然可以四处移动,甚至可以从双层的一边到另一边。脂质双分子层一般轻易不允许分子或离子通过,从而使得细胞和其周围环境之间存在浓度差。脂质双分子层也能在其他地方找到,例如,它们也会形成细胞内单独的分隔区。

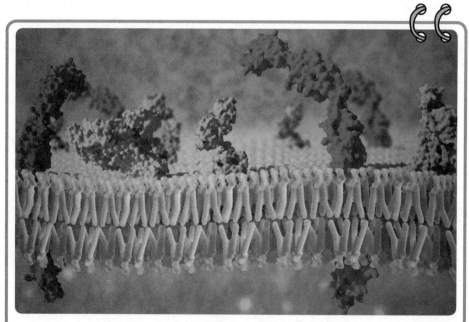

在脂质双分子层(中间层,看起来像一排排夹子),非极性尾部聚集在双层内侧,允许每个脂质分子的极性端与周围细胞内的极性水性环境相互作用

▶ 什么是一个生化过程?

生化过程是一组相互影响的化学过程的周期,来达到一些对于生物功能而言重要的目的。

▶ 什么是化学信号分子?

化学信号分子是小分子,其作用是在生物系统传递信息。一种细胞能分泌信号分子,并使得它们在血液中分散开来。信号分子可以附着在细胞表面。很难给出一个关于化学信号小分子的全面描述,我们只给出几个化学信号的例子。细胞凋亡是细胞的主动死亡过程,就是一种涉及化学信号的过程。外部信号到达细胞,引发一系列细胞内的反应,最终导致细胞死亡。钙离子也经常参与细胞信号的传递,它们的浓度会影响许多蛋白质的活性,对于告知细胞何时复制也很重要。荷尔蒙是另一种类型的化学信号物质。它们贯穿我们的身体,控制我们的肌肉和组织、生殖系统,还有新陈代谢的生长以及其他种种活动。这些例子都是化学信号控制的数量庞大的过程中的一小部分。

▶ 什么是克雷布斯循环?

克雷布斯循环 (也称为柠檬酸循环或三羧酸循环) 是一种生化过程,生物体在这一过程中可以通过氧化来自其他生物分子 (糖类、脂肪和蛋白质) 的醋酸来生成能量 (以 ATP 或三磷酸腺苷的形式)。由于这一过程中会使用到氧气,所以它也被认为是一种有氧过程。克雷布斯循环也生成其他用于另外生化过程中的分子,如 NADH (烟酰胺腺嘌呤二核苷酸)。之所以这一生化过程使用柠檬酸循环或三羧酸循环的名称,是基于在这一过程中化学反应下柠檬酸的消耗和再生的事实。而克雷布斯循环的这一名称则是来自于这一生化过程的发现者之一汉斯·阿道夫·克雷布斯 (Hans Adolf Kerbs)。

▶ 什么是结合力?

结合力是用来描述两分子间相互作用的强度。通常这将涉及一个配体和一个受点,并且很有可能存在于一个蛋白质内。另一个常见的例子是一个药物分子与存在于大脑某处的受体位点的结合。相对简单的情况下,一个药物分子 (D) 与一个受体分子 (R) 结合形成一种络合物 (DR),这一过程的结合力可以通过平衡常数来进行描述:

$$K_{eq}=[DR]/([D][R])$$

结合力也可以被看作是表示一个分子与其受体位点结合程度强弱的量度。如果一种药物与它的受体位点之间具有较高的结合力，那么为达到预期反应效果所使用的药物将可以相对减少。由此，通常情况下科学家为了达到药品的高回应性，会将药品设计成具有与其受位体点高结合力的药物。

▶ 氧气如何在人体中运行循环?

氧气通过我们呼吸的空气，经由肺部被带入我们的身体。要知道，地球空气总体积中21%的气体是氧气。在肺的帮助下，氧气扩散到了血液之中，并就此与红细胞中被称为血红蛋白的一个分子相结合。这种氧气和血红蛋白的结合力属于pH依赖性，这种属性可以帮助氧气能够轻易地被肺部附近的红血细胞所获取，并被释放于人体组织内或者人体其他有需要的部分。

▶ 什么是协同效应?

协同效应描述的是蛋白质中的一个受体位点的结合力是如何影响另一个受体位点的结合力。以血红蛋白举例来说，氧气分子中有四个受体位点可以进行结合。当第一个氧气分子结合之后，蛋白质余下部分由于构象所发生变化将会提升其他受体位点的结合力。因此，第二个氧气分子能够更为容易地结合；由此及彼，第三个和第四个的结合会更加容易。这样在氧气结合的过程中，血红蛋白与氧分压之比形成了一个S形的弯曲曲线(见右图)。

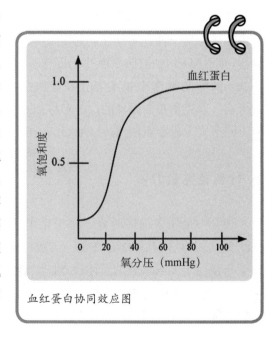

血红蛋白协同效应图

其他协同效应的实例中也会存在类似的结合曲线,虽然血红蛋白的例子可能是关于这一现象的最常用实例。

▶ 什么是 ATP？

ATP,或者说三磷酸腺苷,是一种被用作于人体能量来源的分子。一个 ATP 分子的能量被存储在它的化学键之中,并通过磷酸基团的水解来释放形成 ADP (二磷酸腺苷)。ATP 在我们的身体中持续循环,平均而言,每一个 ATP 分子每一天在我们的身体里被使用和再生的次数超过一千次。

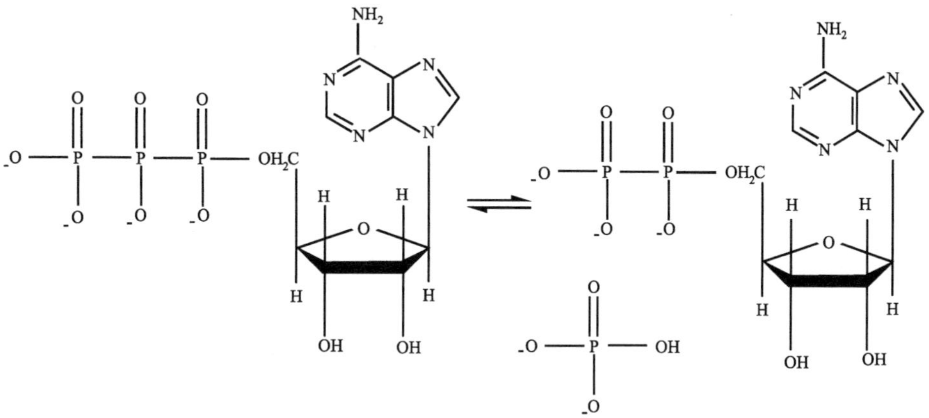

▶ 凝血是如何发生的?

血液中的血小板发送的消息使得围绕在伤口区域的血管发生收缩。血小板聚集在一起以便阻塞血液的流动,也就是停止血液的流失。与此同时,一种被称为凝血酶原的化学信使激活了被称为凝血酶的酶,由此生成了血纤维蛋白。血纤维蛋白能更好地帮助伤口血液的凝固。

▶ 什么是激酶?

激酶是一种酶的种类,这种酶负责在磷酸化反应过程中将磷酸基团 (见下图) 从诸如 ATP 一类的供体分子中运送至被酶作用物之处。激酶通常以其被作用物来命名。例如,一个酪氨酸激酶催化了一个磷酸基团向一个蛋白质的酪氨酸残基的转移。激酶是一个被称为磷酸转移酶的更大型酶基中的一部分，所有这些磷酸转移酶在进行化学行为时都会涉及磷酸基，就如下图所示。

磷酸基
$$O=P \begin{matrix} O^- \\ | \\ -O^- \\ | \\ O^- \end{matrix}$$

▶ 你的肌肉是如何工作的？

肌肉帮助你进行锻炼、移动重物，参与了包括人类生存所必需的呼吸和泵血在内的一切基础行为。从分子层面上来说，肌肉的工作基础依赖于被称为肌动蛋白和肌球蛋白分子们结合、移动和重新结合的过程。同时，这一过程中包含了水解ATP来产生能量的过程。

为了达到肌肉运动的目的，肌球蛋白首先得依附于肌动蛋白，形成了一座桥梁。此时，ADP和一个磷酸基又与肌球蛋白相链接。肌球蛋白弯曲（这是实际控制动作的部分），释放ADP和磷酸盐。此后，一个新的ATP分子再次结合，肌球蛋白释放出肌动蛋白，ATP随后水解，将肌球蛋白送回其原有位置，也就是在这一位置上循环过程再次开始。

▶ 什么是尸僵？

尸僵是人死后不久发生的肌肉僵硬。此时，由于ATP存在过少甚至没有，肌肉一直处于收缩僵硬状态而无法放松。

▶ 光合作用是如何工作的？

光合作用是植物从太阳光获得能量的过程。光合作用中最重要的分子被称为叶绿素 ——正是这种分子执行收集太阳光和赋予植物绿色的工作。通过被称为气孔的细胞获取二氧化碳，同时植物也通过根部汲取水分并将之送至树叶部分。叶绿素吸收光线的时候会催化反应的发生，与被称为NADPH（还原型

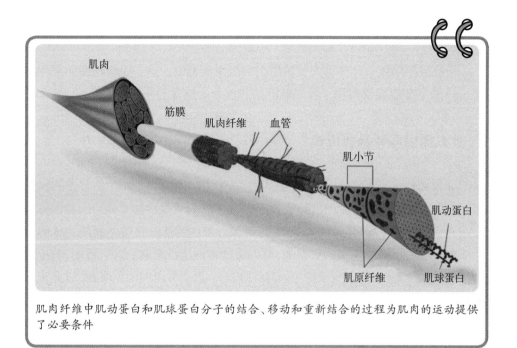

肌肉

筋膜

肌肉纤维

血管

肌小节

肌动蛋白

肌原纤维

肌球蛋白

肌肉纤维中肌动蛋白和肌球蛋白分子的结合、移动和重新结合的过程为肌肉的运动提供了必要条件

▶ **是什么决定细胞成为皮肤细胞、血细胞或者其他的特定细胞的?**

新细胞成为特定类型细胞的过程被称为细胞分化。有趣的是,不同类型的细胞并没有包含不同的遗传信息,而仅仅只是对它们所包含遗传信息的不同部分进行了体现。信号分子告诉细胞们其所需要表现的特定DNA部分,于是这些信息控制了出现在细胞内蛋白质和其他分子的类型,而正是这些因素最终决定了细胞的功能。

烟酰胺腺嘌呤二核苷酸磷酸) 的另一个分子能量源一起生成ATP。在这个过程中,二氧化碳被用掉,水分子发生分裂,包括人类和动物在内的其他生物体可呼吸的氧气被释放出来。

▶ 生物如何储存脂肪？

脂肪被存储在一种被称为脂肪组织的组织类型中。这一组织由脂肪细胞构成——脂肪细胞能够将用于长期储能的脂质分子储存起来。

▶ 什么原因导致药物成瘾？

导致成瘾的药物能够改变人类大脑中受体的能力，从而引发人类的愉悦感。导致这种愉悦感产生的方法有很多种。镇静剂通过增加受体与一种被称为GABA（γ-氨基丁酸）的小分子之间的亲和力来达到这一目的。而能让你感受到从未有过的快乐或幸福的兴奋剂，可以通过多种途径来达到这一目的，其中最为常见的两种是：促使更多的多巴胺释放出来；阻止多巴胺的再吸收，以此来保证它的长效存在，从而延缓快乐感的消逝。麻醉剂以类似于兴奋剂的方式来达到效果——模仿和复制快乐分子。

▶ 为什么有些人会拥有如此高的酒精耐受性？

从生物化学的角度来看，身体中乙醇脱氢酶含量决定了其处理身体中乙醇的速度。身体中拥有较多乙醇脱氢酶的人能够以更快的速度将乙醇（这是让你醉酒的主因）转化为乙醛。不过，人的体形在这一过程中也非常重要。体形大的人由于需要将乙醇运送到更大面积的身体中去，所以他们血液中的乙醇浓度要比体形小的人上升得缓慢一些。

脑

▶ 什么是神经元？

神经元是负责在身体的不同位置之间传送信息的细胞。它们的功能多种多样，包括告诉肌肉需要行动，将信息从人类的感官传送到大脑，让人体验快乐，以及在人的大脑中处理信息。

▶ 什么是神经科学?

神经科学是指研究大脑和神经系统工作原理的科学。

▶ 脑都有哪些不同的部分?

脑被分为多个专门从事不同功能的区域。脑的一些主要部分包括额叶、顶叶、颞叶、脑桥、延髓、枕叶和小脑。脊髓通过数百万条承担在大脑和身体之间传送信息任务的神经将脑和身体连接在了一起。

▶ 什么是大脑?

大脑是脑的顶部,包含有人类的记忆、知识和语言,同时管理人类的感官。

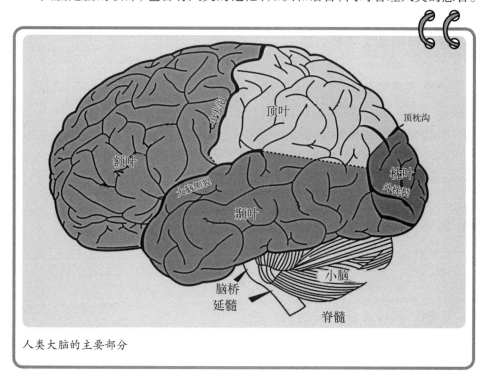

人类大脑的主要部分

大脑是脑的一部分,能够控制人类动作和情感,也是人类思维发生的地方。

▶ 额叶中都在发生些什么?

额叶负责决策过程、解决问题和管理人类的活跃思维。

▶ 顶叶有什么用处呢?

顶叶控制着人类的语言、视觉、疼痛和触觉的感知、空间定位(比如知道方向),以及其他的认知过程。到目前为止,你或许已经发现,脑中不同部位所拥有的范围宽泛的功能在某种程度上存在着重叠现象。

▶ 颞叶的作用又是什么呢?

颞叶涉及的是人类听力、记忆和语言的能力。

▶ 枕叶的用处又是什么呢?

枕叶管理人类的视觉感知,并且负责处理经由人类眼睛所接收到的信息。

▶ 小脑中在发生些什么呢?

小脑控制人类的平衡感、运动感,总体来说就是控制人类的运动技能。

▶ 脑的一部分竟然会被称为脑桥?

确实是。脑桥位于脑干,其功能是在小脑和大脑之间进行信息的传输。

▶ 延髓? 估计这是你编的词汇吧?

可惜不是! 延髓是一堆生长在脑背面的神经元。这些神经元控制着诸如心跳、呼吸模式、血管收缩或扩张、打喷嚏和吞咽一类的身体功能。

▶ 什么是朊病毒疾病?

朊病毒表现为具有感染性的蛋白质错误折叠的形式。这些错误折叠的蛋白质会引发它们所遇到的其他蛋白质发生同样的错误折叠。朊病毒疾病就是由于这个错误折叠所引发。朊病毒疾病的例子包括疯牛病、羊瘙痒病和克雅氏病。在哺乳动物中,所有已知的朊病毒疾病都是由同一种被称为 "PrP" 的朊蛋白所引发,"PrP" 实际上就是"朊病毒" 名称的英文缩写。

▶ 哪些天然存在的分子能够对生物化学产生影响?

许多水果中含有对于人类健康非常重要的抗坏血酸(维生素C)。它有助于防止炎症的发生,增强我们的免疫系统,并帮助我们消化食物,还有其他种种好处

抗坏血酸,也称作维生素C,在保持人类健康领域发挥着重要作用。它于1932年第一次从柑橘类水果 (橙、柠檬、青柠、葡萄柚) 中被分离出来,并且可以通过两个来源于葡萄糖中的不同生物路径自然合成。羟基的存在允许它可溶于水 (即在生物学相关环境中),同时它也是胶原蛋白合成过程中的辅酶。

抗坏血酸

苯甲醛发现于杏仁、樱桃、杏和桃仁中,通常作为一种人工合成的杏仁油 (或许这并不是什么令人惊奇的事情) 而被用于制作香料、染料和食品增香剂。

研究人员对此并不满足,仍然在继续研究其作为一种农药和抗癌药物的可能性。苯甲醛通过使用甲苯作为前体可以很容易地在实验室中合成。

苯甲醛

　　我们都知道咖啡因是什么。对于咖啡饮用者来说,这可能是他们最喜欢的化学品之一!纯粹咖啡因的表现形式只不过是一种普通的白色结晶粉末,但是大多数人可能没有机会见到咖啡因这种表现形式。咖啡因更常见于可可类植物、咖啡豆和茶叶中,数千年来人们一直在不断地使用消费它们。历史上,人们曾经使用咖啡因来增加他们的心率、提高体温、强化精神警觉性和注意力。今天,人们仍然因为这些类似的原因使用咖啡因。在化学溶剂的帮助下,咖啡因可以直接从像茶叶、咖啡豆一类的来源中提取并用于其他的含咖啡因产品之中,例如碳酸饮料。需要注意的是,咖啡因是一种能生成中枢神经系统刺激的潜在成瘾物质。这可不是危言耸听——如果你在特定的时间段内吸收了太多的咖啡因物质,你可能由此会感到头痛、不适甚至失眠。

咖啡因

　　胡桐内酯A (Calanolide A) 提取物来自于马来西亚热带雨林的树种。它最初被作为抗癌药物进行测试,但是测试结果并不成功。然而,它却被发现具有对抗HIV-1病毒 (导致艾滋病发生的病毒) 的强有效性。由于这种化学物质的稀有,胡桐内酯A在被发现了其独特的效果之后很快有了化学合成品。这种药物能通过防止病毒RNA转录进入细胞中的DNA,以阻止HIV病毒的复制。最为幸运的是,它的副作用相对温和且短暂。

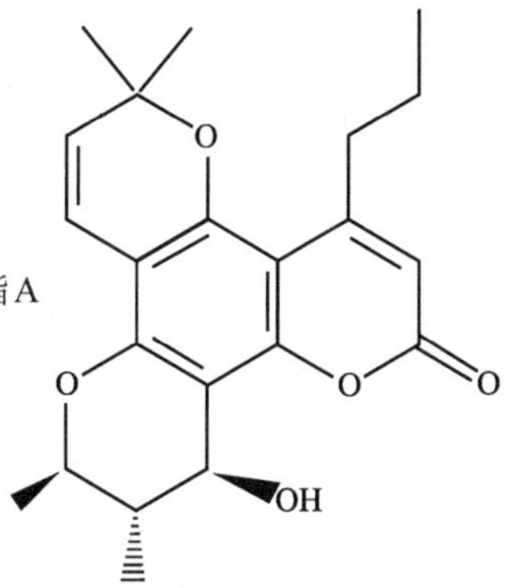

胡桐内酯A

多巴胺是由一个氨基酸的前体在人体中合成而得,它是用于平衡我们快乐情绪的重要神经传递素。多巴胺产出、调节的不足或失衡能导致许多疾病的发生,如帕金森病、精神分裂症和图雷特综合征。从20世纪50年代多巴胺的神经传递素作用得到认同开始,研究者们在获得对它更全面的理解之前花费了几十年进行实践研究,其中,关于发现了多巴胺与以上所提及疾病的关联以及对其确切功能的研究者,在2000年被授予了诺贝尔生理学/医学奖。对于多巴胺在生理作用中所扮演角色的理解是非常重要的,因为它直接关联到对于某些神经系统疾病的认知和了解。

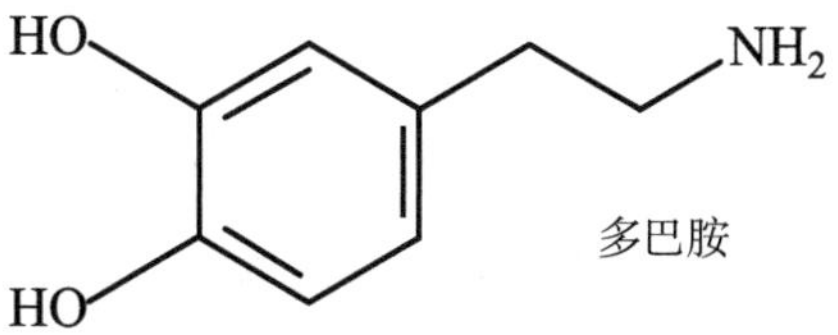

多巴胺

乙醇或许是你最熟悉的分子之一:它就是那些让你放松陶醉的酒精饮料中的酒精。数百年来人们一直在持续不断地使用和消耗它。此外,乙醇也是有效的溶剂、防腐剂、镇静剂,以及香水、油漆、化妆品、喷雾剂、防冻剂和漱口水中的有效成分。乙醇可以从原料中直接生成。这些诸如玉米或谷物一类的原料,在微生物的作用下酵化,消耗糖分并因此生成副产品——乙醇。

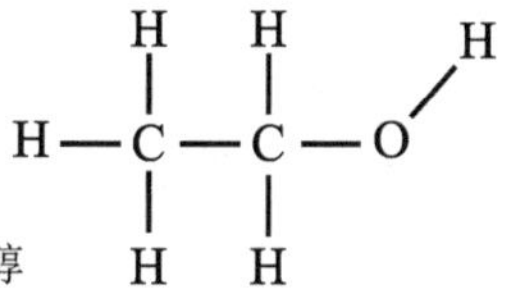

乙醇

催产素是女性位于脑背面的垂体后叶腺所自然分泌的一种激素。它负责引发孕妇乳汁的分泌和子宫的收缩。当孕妇无法自然生产的时候，催产素也被用于催产。

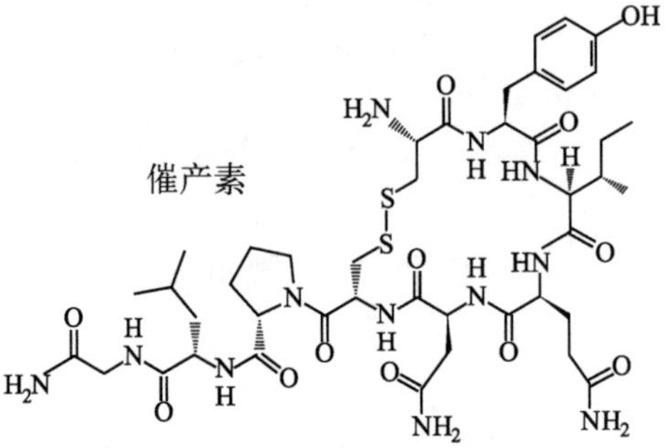

催产素

磷酸吡哆醛通常被称为维生素B$_6$，它能够帮助人类神经和大脑的正常运作，保持人类身体中恰当的化学平衡。它也是从糖原（糖存储聚合物）中释放葡萄糖（糖单体）的酶促反应的必要存在。维生素B$_6$可以从多种类型食物中获得，例如肉、谷物、坚果、蔬菜、香蕉。

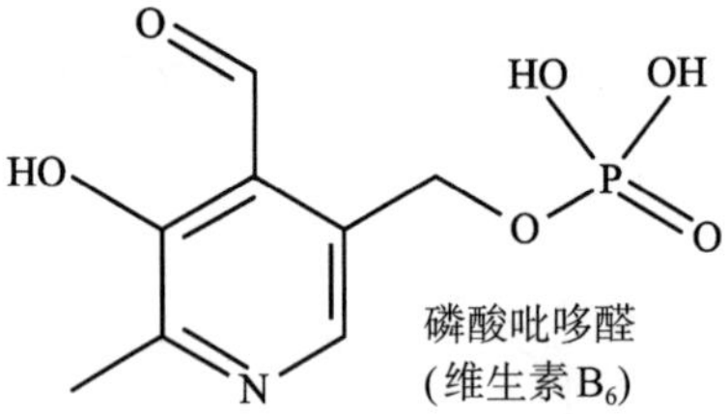

磷酸吡哆醛
（维生素B$_6$）

奎宁是用来治疗疟疾和夜间腿抽筋的一种物质。它最早是由一位西班牙探险家在南美洲一种被当地人作为药用的金鸡纳树的树皮里发现的。被发现后，奎宁的大量需求最终导致了金鸡纳树变得非常稀有，但幸运的是很快它的合成制造方法被发明了出来。

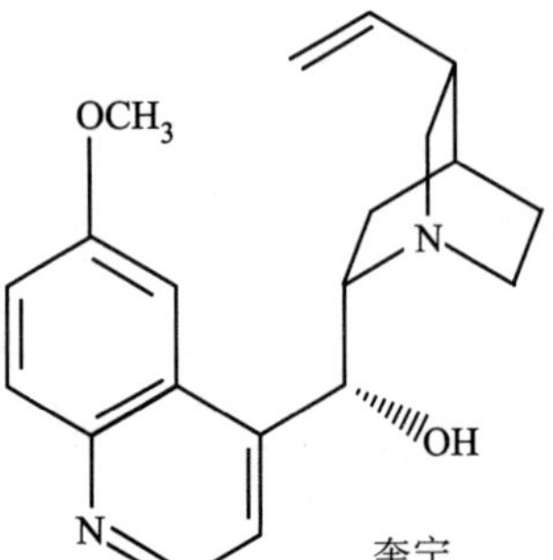

奎宁

琥珀酸在克雷布斯循环中有着极其重要的作用,并且能够将电子运送到电子传递链中。琥珀酸被广泛地发现于植物和动物组织之中,不过它的纯化工艺,在很长的一段时间内对化学家们来说都是个难题。时至今日,琥珀酸已经可以轻易地在实验室中通过各种方式生产出来,其中一种甚至仅仅使用玉米作为原料就足够了。琥珀酸除了扮演克雷布斯循环中的角色,它还被广泛地作为中间分子用于染料、香水、涂料、油墨和纤维的生产。

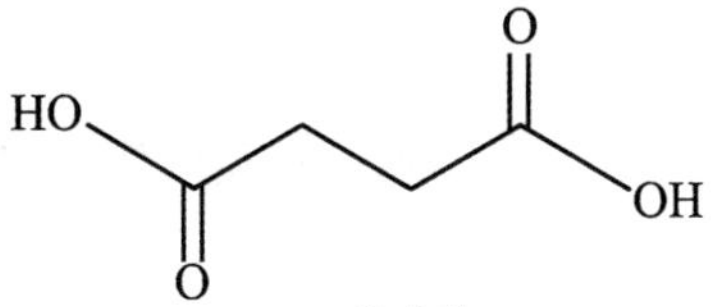

琥珀酸

九 物理化学和理论化学

能量就是一切

▶ 物理化学是什么?

物理化学作为化学的一个分支,主要关注更深层次地揭示影响化学过程的基本原理。这是一门实证科学,是基于实验观察,通过密切联系实验从而开发新的化学理论。顾名思义,物理化学是与物理学相关,同时也与化学研究相关的一门科学。

▶ 能量是什么?

在化学中,能量作为形成或打破化学键的"筹码"并且驱使运动的分子 (或物质) 发生移动。

▶ 势能是什么?

势能描述所有与对象相关联的非动态的能量。这种能量可以储存在化学键中,或者在压紧的弹簧中,还有许多其他各种方式。另一个例子是重力势能。因为势能的类型有许多,所以不存在一个单一的方程来描述它们。由于对势能值本身的描述涉及相对应的基准值,所以,我们测量的势能值只是势能一种有意义的变化。一个封闭的系统中势能可以交换成为动能或其他类型的能量,反之亦然，但总能量始终会保持不变。这就是热力学第一定律，我们之后会很快讲到。

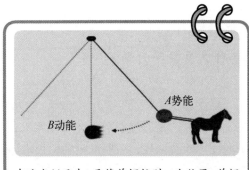

在这个例子中，马将单摆拉到一个位置，单摆即开始自由向下摆动。在放开前，单摆的重量在拉起位置产生势能（A），当单摆开始快速摆动时，产生动能（B）

▶ 动能是什么？

动能是与物体的运动有关的一种能量。移动速度越快的物体具有越多动能，一个物体的动能与它的质量m和速度v有关，由以下方程表示：

$$E=\frac{1}{2}mv^2$$

这个公式告诉我们，如果有两个相同质量的物体，一个物体的速度是另一个的两倍，较快物体的动能是较慢物体动能的四倍。

▶ 分子会有任意能量吗？

不会，实际上，分子有非连续的潜在能级。换一种说法就是，它们的能量是量子化的。为了具体说明一下为什么这种情况与我们习以为常的生活如此不同，你可以试想一下扔棒球的情形。你可以以0米每秒到你能扔出的最大速度之间的任意速度来投掷它。然而在分子中，情况有所不同，只有一组离散的能量是可能的。这就如同你只能以2米每秒或者40米每秒的速度扔出棒球，但不能扔出20米每秒这样在2到40米每秒之间的其他数值的速度。日常生活中并不常碰到这种情形——与事物相关的能量都是一组离散的数值。

▶ 分子中存在哪些类型的能级？

物理化学家们关注三种主要类型的能级：电子能级、振动能级和转动能级。当电子能级发生变化，电子从一个分子轨道过渡到另一个。振动能级与分子中化学键的振动有关，转动能级涉及的分子在空间转动。你可能会猜到，没有化学键存于其中的单原子没有振动能级。物理化学家往往可以通过研究这些能级之间的跃迁来了解分子的结构和反应性。

▶ 什么是量子力学?

量子力学是物理学的一个分支,研究微观粒子的运动规律,比如电子。它的主要研究方法是通过对类似于粒子与波的物质进行描述。量子力学中对一个粒子的描述叫波函数,它适用于描述任何微观系统状态。

有趣的是,我们从量子力学中得知,粒子的质量很小,并且位置、速度和表述粒子状态的其他量不能被精确定义。量子力学所提出的波状描述解释了为什么分子具有离散的能级,以及物理化学的许多实验观察与经典力学不一致的原因。

▶ 功是什么?

功是物理学中表示能量通过力在一段距离里的物体间传输的过程。用投掷棒球举个例子。随着你胳膊的动作,你的手在棒球移动的方向施加一个力。球在你手中向前移动时,你在对球做功。所做功的总量就是所施加的力乘以施力方向移动的距离所得的结果。一旦它离开你的手,你就不再对球施加作用力,所以你不再做功。

▶ 热是什么?

热是造成除了功以外各种类型能量转化的原因。一个简单的例子,想象一下冰激凌在炎热的天气里融化。因为冰激凌的温度比周围环境低,热量从环境传递向冰激凌,使其温度增高,最终融化。有很多热流动的例子,这是一个相当大的范畴,因为它涵盖了除去功以外所有类型的能量转化。

▶ 热力学第零定律是什么?

热力学第零定律讲述的是任何两个热力学系统,我们假设它们为系统A和系统B,在分别与第三个热力学系统——假设为系统C,处于热平衡,它们彼此之间也必定处于热平衡。热平衡意味着系统必须具有相同的温度,因此,系统A和B的温度必定相同。这让我们使用温度计比较不同物体的温度有了一个坚实的基础。如果系统C是我们的温度计，我们可以用它来比较其他物体的温度。

▶ 热力学第一定律是什么？

热力学第一定律是能量守恒定律，能量可以从一种形式转化为另一种形式，既不能凭空产生，也不能凭空消失。它告诉我们能量与功和热有关，通常表示为以下方程：

$$\delta E = \delta Q - \delta W$$

这个方程告诉我们，一个热力学系统的内能增量 (δE) 等于外界向它传递的热量 (δQ) 与系统对外界所做的功之差。

▶ 熵是什么？

熵表示系统微观状态的无序程度。有两种广泛使用的熵的定义，由路德维希·玻尔兹曼 (Ludwig Boltzmann) 和约西亚·威拉德·吉布斯(Josiah Willard Gibbs) 提出。我们暂且只看玻尔兹曼给出的定义，因为这个定义较为直观。玻尔兹曼熵公式：

$$S = k_B \ln \Omega$$

在这个公式中，k_B 为玻尔兹曼常数，是微观系统的一个基本常量。为了理解熵是如何得出，设想一下我们掷骰子时的情景。掷一个骰子，会有六种可能出现的结果，所以掷一个骰子对应的熵是 $k_B \ln (6)$。如果我们掷两个骰子，有 $6^2=36$ 种可能结果，对应的熵就是 $k_B \ln(36)$。掷三个骰子，就有 $6^3=216$ 种可能结果，对应的熵是 $k_B \ln(216)$。正如你所看到的，统计出的不同结果的数量会随着系统的大小，也就是分子的数量而迅速增长 (呈指数增长)。通过取结果的数目的对数，我们使熵与系统大小呈线性比例。可能出现的结果或者结构的数量与系统规模呈指数增长，而熵呈线性增长，这意味着，如果系统规模加倍，熵也加倍。此种特性使熵被归为外延量，意味着可以由系统的规模简单地衡量出熵。

▶ 热力学第二定律是什么?

热力学第二定律有几种不同的表述,但都围绕着一个中心——何种热力学过程可以在自然状态下自发发生。第二定律的一种表述是,一个封闭的系统,该系统的熵只能增加或者保持不变。通俗地讲,就是自然状态会促使形成扩散交织的结构或排列形式。举例来说,这就是为什么水中的一滴墨水往往是扩散开,而不是自发地聚集成一滴墨水。第二定律的另一种表述是热量不能自发地从低温物体传向高温物体。如果没有做功,这个情况是不可能发生的。

▶ 热力学第三定律是什么?

热力学第三定律最常见的表述是在绝对零度,任何完美晶体的熵为零。(在"宏观物性:我们看见的世界"一章中讲到,完美晶体是原子或分子在三个维度上严格按照一定规律重复排列,没有缺陷或不规则性原子的晶体。)这相当于说,随着温度接近绝对零度,完美晶体中只有一个可达状态。事实上,这并非总是完全正确的,因为可以有多个低能态有相似的能量,但我们可以暂时忽略这一点。

▶ 什么导致了理想气体偏差?

理想气体偏差产生的原因是气体分子具有分子间引力,并且实际中气体分子占据了气体体积中的空间。理想气体定律的修改版本(见"原子和分子"一章),称为范德华方程,使用具体到分子或原子的常量来调整这些因素。在相对高的压力和/或低的温度下理想气体偏差变得更重要。

▶ 分子的平均动能是什么?

环境温度与分子的平均动能密切相关,环境温度决定了分子运动的快慢。平均来说,分子的速度接近300米每秒,这相当于每秒钟跑过几个足球场!需要认识到的另一点是,分子与其他分子之间的碰撞不断引起方向变化,这会减缓分子在给定方向的总距离上的行进速度。

▶ 理想溶液是什么?

理想溶液是微粒间不存在相互作用的稀溶质溶液。这与理想气体很相似,但是理想气体中气体微粒之间是真空状态,而理想溶液中,溶质微粒之间是弱相互作用的溶剂。

▶ 什么是渗透作用?

渗透作用是指溶剂分子在溶液中运动以达到溶质浓度相等的现象。溶剂分子从低溶质浓度的区域移动到高溶质浓度区域,同时消除浓度梯度。

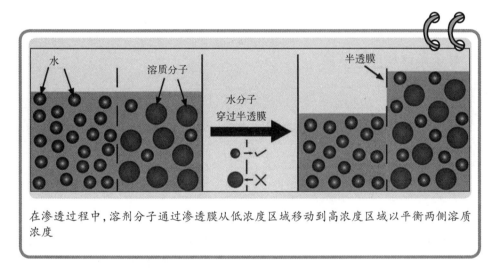

在渗透过程中,溶剂分子通过渗透膜从低浓度区域移动到高浓度区域以平衡两侧溶质浓度

▶ 什么是等温过程?

等温过程是一个温度在整个过程中保持恒定的过程。

▶ 什么是等压过程?

等压过程是一个压力恒定的过程。

◉ **什么是绝热过程?**

绝热过程就是没有与外界进行热交换的过程。

◉ **什么是等容过程?**

等容过程就是一个发生在恒定体积内的过程。

动 力 学

◉ **什么是反应的过渡态?**

过渡态是指反应物体系转变成产物体系过程中,经过的能量最高状态。这是反应路径中能量最高的点,这种组态最难突破,因为能量势垒会限制反应的速度。

◉ **什么是反应速率常数?**

化学反应速率常数是表示化学反应进行快慢的量。速率常数可以具有不同的单位,这取决于有多少分子参与反应。设想一个简单的反应,A的一个分子形成B的一个分子。该反应的速率将取决于反应物A的浓度 (表示为$[A]$) 和该反应的速率常数 (k) 。此反应的速率方程是:

$$反应速率 = k[A]$$

这告诉我们,反应速率仅取决于A的浓度,并且反应速率将随着A的浓度增加。事实上,反应速率也取决于温度、压力,也许还有其他因素,但是这些都通过速率常数k来体现。

化学反应的速率一般会随着温度的升高而增加。这是因为较高的温度转化成较高的分子平均能量,这使得分子在反应中更容易克服能量势垒。在速率方程中,速率常数 k 取决于温度,k 几乎总是 (但也有例外) 随着温度的增高而增大。

比高速波还要快

● 光速有多快?

在真空中,光的速度大约是 3×10^8 米每秒,非常非常地快。光速快到只用约 0.13 秒便可环游整个世界!做个有趣的想象:星星离地球有多远。除了太阳以外,地球与最近的恒星有4光年的距离(一光年是光行进一年所走的距离)。这意味着最近的恒星距离我们也有 32.19×10^{12} 千米。由于光线到达人类的眼睛后,我们才能看到影像,所以如果恒星爆炸,我们不会立刻看到,而是要等到爆炸发生四年以后才能看到!有什么可以比真空中的光速更快吗?没有,至少现在认为这是不可能的。尽管这样,有趣的是,近些年有一些实验观测到名为中微子的粒子速度比光速快。然而,即使是进行这些实验的科学家们也在质疑这个结果,并且他们鼓励别人去证实他们的实验结果或者找出实验的错误。最终,他们发现了一个错误,一个足以导致结果无效的失误——一根松散的电缆。

这张图是由两张照片所合成:棍子放在有水的杯子中,一部分浸没在水中(A);棍子放在没有水的空杯子中(B)。棍子之所以看起来向A弯曲,是由于我们看到的光线在离开水时产生了折射

▶ 光速总是不变的吗?

光的速度实际上取决于光线穿过什么介质！每种材料都有一个称为折射率的属性。利用折射率,我们可以用以下公式计算光通过介质的速度:

$$V=c/n$$

在这个公式中,c是真空中的光速 (约 2.998×10^8 米每秒) ,n是介质的折射率,V是此种介质中光的速度。

▶ 光的波长和频率是什么?

我们所看见的光是电磁辐射的一种表现形式。这听起来很复杂,但实际上并不稀奇。正是由于电磁辐射的存在,人类才能看见万物。电磁辐射是由具有一定振幅的且相互垂直的电场与磁场所组成。辐射的频率是指电场、磁场每秒振动的次数,它的单位是赫兹 (Hz) ,或者是波长的倒数。所谓光的波长就是光在空间中传播时,电场或者磁场振动一次所传播的距离。

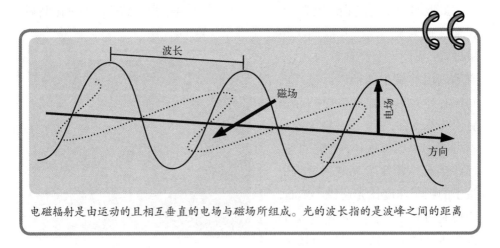

电磁辐射是由运动的且相互垂直的电场与磁场所组成。光的波长指的是波峰之间的距离

▶ 什么是电磁波谱?

电磁波谱是用来描述电磁辐射所具有的所有频率 (波长) 的范围。原则上

讲,波谱几乎是无限的,尽管我们能够获得的波谱频率是有局限性的。常见的高频波谱射线是伽马射线,它的频率为 1 020 赫兹左右,而在低频波谱区域,"超低频"可以达到几赫兹。

电磁波谱

类　型	频率 (Hz)	波长 (cm)
无线电波	$< 3 \times 10^{11}$	> 10
微波	$3 \times 10^{11} \sim 1 \times 10^{13}$	$10 \sim 0.01$
红外线	$1 \times 10^{13} \sim 4 \times 10^{14}$	$0.01 \sim 7 \times 10^{-5}$
可见光	$(4 \sim 7.5) \times 10^{14}$	$(7 \sim 4) \times 10^{-5}$
紫外线	$1 \times 10^{15} \sim 1 \times 10^{17}$	$4 \times 10^{-5} \sim 1 \times 10^{-7}$
X射线	$1 \times 10^{17} \sim 1 \times 10^{20}$	$1 \times 10^{-7} \sim 1 \times 10^{-9}$
伽马射线	$1 \times 10^{20} \sim 1 \times 10^{24}$	$< 10^{-9}$

▶ **电磁辐射的频率和电磁辐射能量有关吗?**

光子的频率与能量有关,表示为如下方程:

$$E = h\nu$$

在该方程式中,h 是普朗克常数,为 6.626×10^{-34} J·s;频率项 ν 是辐射的频率,单位为 Hz。从这个公式可以看出,电磁辐射的频率越高,能量越高。

超级激光器

▶ **什么是光谱学?**

光谱学是一门利用光来研究能级间的跃迁的学科。不是所有使用光谱的科学家 (光谱学家) 都在研究物理化学,不过物理化学家 (和物理学家) 开发了光谱分析法并且在实验中研究光与物质相互作用的细节。光谱学实验得出的数据通常以波长、频率、时间的函数展现出原子或分子系统发生的反应。这种表示反应的波长、频率的函数称为频谱。

▶ 什么是夫琅禾费线?

当科学家们开始观察光从太阳到达地球的光谱时发现,光谱中含有很多黑暗特征谱线,说明太阳光不包含某些波长的光。这些现在被称为夫琅禾费线,由于太阳外大气层的元素吸收特定波长的光,从而会阻碍这些波长的光到达地球。夫琅禾费线是由原子吸收引起的,这是最早的原子光谱学的实例。

▶ 什么是电子基态和电子激发态?

电子基态是原子或分子的电子处于最低能量状态。电子激发态是任何具有比基态更高能量的电子状态。

▶ 光怎样引起能级跃迁?

光的离散单位叫作光子,并且每个光子具有与之相关的特定能量。当光子的能量与两能级之间所差能量匹配,将会引起能级跃迁。光子的能量转移到原子或分子,将导致光子的吸收。例如,氢原子电子的基态和第一激发态之间的能量差是 1.64×10^{-18} 焦,对应频率为 2.47×10^{15} 赫兹的光子的能量。所以这个频率的光子可以使氢原子的电子从基态跃迁到第一激发态。

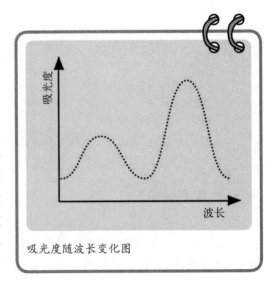

吸光度随波长变化图

激光是加强刺激光子发射的光束。因为激光能够准确地进行复杂测量的特性，它被运用在多个领域：从简单的金属切削到精细的外科手术

▶ 什么是激光器？

激光器是通过刺激光子发射而增强发光产生激光的仪器。激光的英文名称"LASER"其实是缩写，代表受激辐射光放大 (Light Amplification by Stimulated Emission of Radiation)。激光器有许多不同的形状和尺寸。一些能装在你的口袋里，一些巨大到要占用整个房间。有的可以发射激光脉冲，有的可以发射连续的激光束。激光器的种类如此多，所以你不论在简单的电子屏幕指向笔中还是在各项复杂的理学和化学实验中，都能找到激光器的存在。

▶ 为什么激光器对于物理化学家来说非常有用？

化学家使用激光来研究分子如何与光相互作用。在某些情况下，化学家会想知道受到光脉冲的激发，分子会发生什么反应。而另一些情况下，激光器可以被用来

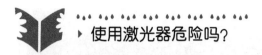

使用激光器危险吗？

答案是肯定的。现代化学实验室中所用的许多激光器威力很大，如果照射到人眼，一秒内足以使人失明。一些激光威力更强，甚至可以点燃路上的物品。你在商店中所买的激光笔并没有如此大的威力，所以你大可不必担心你的激光发射器会有很大的危险。当然你仍然要保证激光笔发射的光束不要照到人眼，因为这同样会损伤人的眼睛。

探测分子的结构信息。激光器用于这些研究的一个原因是，它可以提供光脉冲，以便科学家研究分子结构如何随时间变化。而另一个主要原因则是，由于不同的操作设定，可以促使激光器产生不同波长的光，成为名副其实的多功能光源。

▶ 世界上最大的激光器

世界上最大的激光器坐落在美国加利福尼亚州利弗莫尔劳伦斯国家实验所。这个激光器是如此之大，占地约三个足球场般大小。使用这个巨大激光器进行研究的科学家们希望证明，核聚变反应是可控的，并且可以作为一种新能源。如果成功的话，这将彻底改变电厂的发电模式。

其 他 波 谱

▶ 什么是微波波谱？

顾名思义，微波波谱就是频率在0.3—300吉赫电磁波的波谱。微波的能量相对较小，这些能量通常与分子转动能级所需能量相对应。因此，微波波谱通常用于研究分子转动能级，一般研究气相分子的转动能级。

▶ 什么是红外波谱？

红外波谱是电磁辐射频率相比微波较高的波谱 (300吉赫—400太赫)。红外波谱的范围通常与分子的振动能级相对应，因此，红外波谱通常用于研究分子振动能级，一般研究气相、液相、固态的分子转动能级，也能用于分子表面研究。

 ▶ 雷达的工作原理

雷达，是英文 "Radar" 的音译，源于 "Radio Detection And Ranging" 的缩写，意思为 "无线电探测和测距"，雷达发射出电磁辐射，碰到物体后发生反弹，雷达接收反射回的电磁波。雷达系统可以测量出信号发射出去多久后发生反射，信号频率产生怎样的变化，以及信号强度发生怎样的变化。通过这些信息，雷达可以 "看到" 导致电磁波反射的物体在哪里。这也可以用来测定物体的速度，比如警察使用雷达测速仪监测车辆的速度。

▶ 什么是紫外光谱？

紫外光谱区 (频率为40—1 000太赫) 的电磁辐射具有比微波或红外波更高的频率 (因此也具有更高的能量)。这使它可以应用在需要较大能量才能发生的能级跃迁中。紫外光谱可以运用于分子研究的任何阶段，不过，最常用于研究液体样本。

▶ 比耳定律 (Beer's Law) 是什么？

比耳定律说明电磁辐射通过一种样品时被吸收的量，和样品的浓度有关。比耳定律告诉我们吸光度 A 等于样品即吸收介质的厚度 l 乘以样品浓度 c，再乘以摩尔吸收系数 ε：

$$A = \varepsilon l c$$

在这个方程中，*A*是吸光度，被定义为入射光与出射光强度比的负对数。基本上，通过这个公式可以测量光穿过样品时被吸收了多少，又有多少穿透了样品。

▶ 什么是荧光？

荧光是指分子吸收入射光后能够通过发光来降低自身能量的过程。以荧光为例，分子吸收了光子，使分子中的电子被激发到高能状态，与此同时，分子会处于振动激发态。一部分吸收能量通过激发态的振动能级释放出来。荧光现象其实就是激发态的电子通过出射光子来降低自身能量的过程。由于一部分能量会随着振动能级的释放而消散，因此出射光子的能量一般低于起始入射光子的能量。较低的能量意味着较低的频率，所以出射光的频率会比被吸收光线的要低。

▶ 为什么"黑"光灯能使白色材料发光？

"黑"光灯能够发射出紫外线，或者较高频率的可见光，甚至更高频率的光。一些物品能够吸收这些光，并且产生荧光，同时这些较低频率的出射光，我们人眼是可以观察到的。这就是"黑"光灯能使一些材料发光的原因。

▶ 什么是质谱法？

质谱法是一种通过测量电离分子或粒子的质荷比来确定粒子分子量的化学分析方法。有好几种质谱测量的方法，但大致的步骤包括将实验样品气化，电离样品，然后依照质荷比分开检测。这种技术可用于准确地测定分子的质量，同时也可以凭借分子的碎裂模式了解分子的结构。

▶ 显微镜的工作原理是什么？

显微镜最重要的是镜头。靠近观测样品的透镜叫作物镜，该透镜负责从样品接收光并聚焦。通常在样品的下方或后方会有一盏小灯,提供光线用于观察样品。另一端的透镜被称作目镜,显微镜的总放大倍数等于物镜的放大倍数乘以目镜的放大倍数。我们可以生动地将显微镜想象为一个大大的架子,用来摆放透镜、样本以及其他各种放大样本图像的光学器件。

普通光学显微镜利用透镜放大图像

▶ 电子显微镜是什么?

电子显微镜是利用电子束成像的显微镜(不同于光学显微镜)。成像方法并不单一,最初的透射电子显微镜(TEM)利用穿透样品的电子束成像。电子显微镜的分辨率和传统光学显微镜相比有着显著优势。这是由于电子的波长比光的波长短得多。电子显微镜的分辨率可以达到10 000 000倍,相比之下,最好的光学显微镜的分辨率只能达到2 000倍。

▶ 什么是电阻?

电阻描述材料阻碍电流通过的程度。电阻与电压的关系表示为:

$$R=V/I$$

V是施加的电压,I是材料中通过的电流。通常情况下,电阻是一个常数,所以电流将会随着电压的增大而增大,这就是欧姆定律。如定律所示,对材料施加一个给定的电压(V),材料的电阻(R)越大,电流(I)越小。

▶ 什么是电压?

电压,也叫作电势差,是两点间电势能的差。电压描述在两点间移动每单位电荷需要做的功。静电场、流经磁场的电流、随时间而变化的磁场都可以产生电压。你能想象吗?

只要你敢想······

▶ 理论化学的研究目的是什么?

顾名思义,理论化学就是一门发展和运用化学理论,观察并预测不能进行实验研究的化学反应的学科。理论化学的研究范围非常广泛,几乎涵盖所有化学分支学科。物理化学的两个主要分支是电子结构理论和分子动力学。

▶ 什么是电子结构理论?

电子结构理论属于理论化学领域,专注于计算分子中电子结构的排列与能量。这包括推算一个分子的结构,推算最有可能的电子排列、反应率以及不同的分子激发态。这实在是个过于复杂的内容,我们在此不再进一步深入讲解。即使有很强大的计算机,分子的电子结构也无法精准确定。大多数理论化学家正在做这方面的努力,近似地计算出分子的电子结构并且与可用的试验结果进行对比,不断改进现有的方法。分子的电子性质对分子的稳定性和反应率起着至关重要的作用,即便很困难,这也是值得努力解决的问题。

▶ 理论化学家想要计算什么分子性质?

理论化学家想要计算几乎所有分子性质! 如果我们在这本书中提到一种性质,很可能就是某个科学家用了各种计算方法得出的。

▶ 电子结构理论计算的误差是多少?

计算中的误差可能相当大,主要目标是要保持误差尽可能一致,通过计算结果的差得出特性。举个例子,将 $Cr(CO)_6$ 计算的能量,与 $Cr(CO)_5$ 和 CO 在无限处彼此分离计算的能量进行比较,就可以得出 $Cr(CO)_6$ 中的金属–碳键的能量值。

▶ 什么是分子动力学模拟?

分子动力学模拟是对应在特定条件 (温度、压力等) 下相互作用的分子团的计算模型。电子结构理论计算通常仅涉及一个或几个分子,而分子动力学模拟可以一次研究成百上千个分子。分子动力学模拟的目的是探讨当不同种分子团相遇时,分子间的相互作用和反应。电子结构理论研究各个分子的能量,分子动力学研究分子受到周围环境的影响。这些影响对溶液更明显,尤其是对溶剂分子反应率的影响很大。

高分子化学

聚合物也是分子

▶ 聚合物是什么？

聚合物是由重复结构单元组成的大分子。这个词在英文中为"polymer"，在希腊语中代表"许多部分"。当读到这一章的标题时，你可能会想到塑料 (比如牛奶罐和塑料杯)。塑料是常见的例子，但聚合物也是组成所有植物和动物甚至人类的不可或缺的物质。

▶ 单体是什么？

如果聚合物代表"许多部分"，单体就是整体的"一部分"。单体是能与同种或他种分子聚合的小分子。通常单体的化学键是共价键，但不完全是。

▶ 聚合物和小分子有什么不同？

有很多不同。高分子化学和高分子物理是近年来最热门的研究领域，因为将一堆小分子连接成一个大分子会带来很多有趣的变化。

让我们用意大利面做个比方。这里有生的通心面和生的实心细面：手在一碗生的通心粉中移动很容易，但是如果在一把排列好的生实心细面里移动手，不管是向哪个方向，都会觉得吃力。你也许会弄断面条或者用手指理顺面条，这两种情况都会需要能量（第一种情况需要焓，第二种情况需要熵）。

现在，我们来煮面条。在两个碗里插进叉子并且搅拌一下。通心粉没太大变化，但是实心细面开始绕着叉子缠成一团。

通心粉代表一系列小分子……与代表聚合物的实心细面完全不同，虽然也是面粉和水构成的，但是实心细面更长。生或熟实心细面不单单是想象，用这个方式也可以很好理解聚合物的不同状态（固态和液态，玻璃态和聚合物熔体）。

▶ 高分子链都是一样大小吗？

不是。让我们继续使用通心粉的比喻明白这一点。想象一下，你把它们串在一起，做成通心粉项链。你可以串任意数量的通心粉在一条绳子上。如果你有两条绳子，你可以做两条通心粉数量一样的项链，也可以一条做得比另一条长。再次想象一下，通心粉代表小分子，把它们串起来，变成了聚合物。

▶ 如果聚合物的大小不一，那一个聚合物的质量是多少？

如果我们知道构成聚合物链的单体的数量（科学术语：聚合度），那么这个聚合物的分子量等于单体的分子量乘以单体数。

▶ 怎样测量聚合物的分子量？

最常用的方法是基于对大小的测量。该技术称为尺寸排阻色谱法或者凝胶渗透色谱。让被测样品通过一根多孔固体材料圆柱，较小的聚合物分子可以通过这些孔，而较大的分子无法通过。最大的分子不与固体发生渗透而是被排阻，所以最先被淋洗出来，随后是越来越小的分子被淋洗出来。聚合物通过多孔柱的时间与聚合物的分子量有关。在实际中，这些仪器用已知分子量的聚合物样品进行校准。

▶ 什么是分子量分布？

事实上，聚合物可以有不同的分子量。反应通常使聚合物具有一定范围的分子量。分子会由相同的重复单位(单体)组成，但是由于种种原因，分子链的长度不相同。事实证明，分子链长度的分布与聚合物化学性质有着重要关系。这个数的计算细节在此不再详细说明。需要了解的是，较高的分子量分布意味着差异较大的高分子链长度。1.0的分布意味着每条高分子链具有相同的分子量。

▶ 聚合物的立体化学性质重要吗？

从很多事例得出的结论是肯定的，以聚丙烯为例。等规聚丙烯是一种熔点在160℃的晶体材料。结晶是由于甲基基团在主链上的完美排列。结晶性使这种材料非常坚韧，并被广泛应用于制造管子、椅子或是地垫等。但是，如果沿着主链的甲基基团排列有缺陷，材料的熔点将会降低，并且丧失强度。

▶ 聚合物也有像小分子一样的立体化学性吗？

是的！最常见的例子是聚丙烯。这种聚合物通过甲基基团沿主链排列。如果甲基基团都在主链的同一侧，这种立体化学性质称为全同立构(顶部结构向下)。如果甲基基团在主链的两侧都有，这种聚合物被称为间规立构(底部向下)。如果这些取代基的排列没有规律，这种聚合物被称为无规立构。

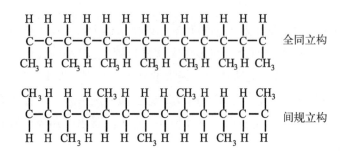

▶ 高分子链都是线性的吗?

不是,还存在另外一种形式。这种形式是科学家们专门用来归类那些真正意义上的大分子的。聚合物形态 (科学术语: 拓扑) 的主要类型是线性、支链和交叉网络。线性高聚物的链是由单体连在一起,像绳子或面条一样。如果沿着高分子链上的一个点开始第二个链,像分叉一样,这种排列称为支链。

▶ 什么是交联聚合物?

当两个高分子链之间产生联结 (专业来讲就是不在链端) ,该产物为交联聚合物。两条链之间产生联结,通常会增加聚合物的黏性 (就像蜜糖比橄榄油更有黏性) ,也会增加弹性性能。更高程度的交联,会使聚合物变得坚硬或光滑。

我们身体中和我们周围的聚合物

▶ 哪些聚合物是在自然中发现的?

种类超多! 蛋白质、酶、纤维素、淀粉和丝绸都是聚合物。

▶ DNA是聚合物吗?

是的。DNA含有糖的双长链聚合物 (称为核苷酸) 。每个糖分子的磷酸基团和一个含氮基团 (专业来说是碱基) 相连。这些碱基的序列是DNA信息编码 (更多有关DNA的知识,见本书 "生物化学" 一章) 。

▶ 纤维素是什么?

纤维素 (见下图) 是线性多糖,多糖的英文 "polysaccharide" 代表许多糖类,所以纤维素是糖分子组成的高分子链。这是一种惊人的分子：它是地球上最丰富的有机化合物，它是植物细胞壁的主要成分。纤维素高度结晶，因为糖分子的连接方式是葡萄糖的单一对映结构体。类似聚丙烯、纤维素这样高度结晶的聚合体强度非常高，高到可以支撑起一棵大树。

![纤维素分子结构图]

▶ **和纤维素相比，淀粉有何不同？**

淀粉也是一种多糖，但是淀粉的结晶性远远低于纤维素。淀粉的主要成分是支链淀粉，是一种高度支化的聚合物，而纤维素是严格线性的。这些支链阻碍淀粉像纤维素一样结晶。淀粉对动物和植物来说是优质能量来源，主要因为：它和纤维素相比，具有较差的结晶性，较高的可溶性，并且支链结构意味着具有更多的末端基团，便于酶"咬开"聚合物。

▶ **什么是人造丝？**

你可能知道人造丝的质感和手感——最好的夏威夷衬衫 (还有很多20世纪80年代的时装) 就是用它做的。神奇的是，人造丝既不完全是合成物也不完全是天然纤维。人造丝是一种化学改性的纤维素聚合物，在20世纪50年代首次制备。虽然之前有过很多制备这种"人工丝绸"的方法，但是黏胶法第一次将人造丝带入商业生产。该方法使用氢氧化钠 (NaOH) 和二硫化碳 (CS_2) 处理纤维素，具体反应过程如下图所示。

▶ 人造丝是怎样发现的?

第一次合成人工丝绸的尝试是瑞士化学家乔奇斯·奥德马尔 (Georges Audemars) 在1855年做的。奥德马尔混合桑树皮浆 (这个选择可能是因为蚕吃桑叶) 和橡胶树胶,并用针拨出其中的长纤维。这属于密集型劳作而且相当困难,没办法投入批量生产。也有一些报告声称奥德马尔拨出的是硝化纤维 (硝酸和纤维素混合后的产物),并且整个制作过程不仅过于精细,而且产出的纤维还是高度易燃的硝化纤维。

法国工程师夏尔多内 (Hilaire de Chardonnet) 是人造丝发展史上另一位关键人物。19世纪70年代,夏尔多内与路易斯·巴斯德一起工作,据说他在工作时无意中把一瓶硝酸纤维素放在摄影暗房。溢出的溶液蒸发掉了,而夏尔多内回来收拾污迹。在擦拭残留的过程中,他发现形成了长而薄的纤维。夏尔多内获得这种材料的专利,但是易燃性再次阻碍了市场化的生产。

而之前所提到的黏胶法终于在1894年由英国化学家查尔斯·弗雷德里克·克罗斯 (Charles Frederick Cross)、爱德华·约翰·贝文 (Edward John Bevan) 和克莱顿·比德尔 (Clayton Beadle) 完成。这个方法带来商业上的成功,这种织物首先由英国的考陶尔兹纤维公司生产,然后美国的阿维提克斯纤维公司也开始生产。

▶ 橡胶是从哪里来的?

橡胶树! 天然橡胶是从橡胶树采集而来的,就像枫糖来自枫树,只是糖浆换成了乳胶汁液。这是一种异戊二烯的聚合物,是每个碳-碳双键沿着主链具有顺式构型的聚合物。虽然有人工合成的替代品,即使在今天,每年仍有一半的橡胶产自橡胶树。

顺式聚异戊二烯

▶ 什么是硫化?

直接来自橡胶树的天然橡胶,质地与汽车或者自行车的轮胎一点也不相似。在温暖的环境中,它的黏性导致它不能保持自己的形状;在下雪寒冷的环境中,它又会变得很脆。听起来像是使用了很糟糕的材料制作轮胎! 不过,如果在天然橡胶的化学链中添加硫,这个硫化过程使天然橡胶发生交联,就能改善橡胶的所有特性。

▶ 什么是加聚反应？

加聚反应最简单的描述方法是单体黏合在一起，没有任何单体原子损失。基于动力学，有更复杂的方式归纳这一类反应，但本质上可以归结为这样的事实。

▶ 缩合、聚合反应有什么不同？

加聚反应没有任何单体的原子损失，但是缩合聚合反应会有单体原子损失。失去的几乎都是水分子。

▶ 塑料瓶上的回收数字意味着什么？

从更专业的角度说，这些是树脂识别码，是20世纪80年代为了方便识别回收塑料而产生的。这些数字代表着聚合物的种类，并没有其他的意思。你可能听说过，它们的大小并不代表树脂再回收的难易程度。

序　号	塑　料
1	聚对苯二甲酸乙二醇酯 (PET)
2	高密度聚乙烯 (HDPE)
3	聚氯乙烯 (PVC)
4	聚乙烯 (PE)
5	聚丙烯 (PP)
6	聚苯乙烯 (PS)
7	其他类 (PC)

▶ 什么是热塑性？

如果一种聚合物加热时变软 (冷却时变硬)，那这种物质就是热塑性材料。聚

根据美国环保署的数据，2010年美国仅回收了其国家所产出的8%的塑料废品。实际上，我们能做得更好。因为几乎70%的包装属于可回收产品

合物变软的温度取决于组成高分子链的尺寸和种类。热塑性材料之所以很容易被回收，正是由于它在被加热后能够重新塑形的特性。

▶ 什么是热固性？

与热塑性不同，热固性材料在暴露于热环境中会固化，因此不会变软 (至少是在一个临界温度点)。这个固化过程是由于许多交联的聚合链，最终形成刚性网络。这些材料难以被回收，所以常被用于需要高温强度的地方。

▶ 什么是PET (聚对苯二甲酸乙二醇酯)？

聚对苯二甲酸乙二醇酯是热塑性材料，可以用于纺织 (称之为聚酯纤维)，以及制造瓶子，它们都是同种聚合物，简称PET。PET是乙烯与对苯二甲酸酯单体的交替高聚物。这种材料能够很好地阻止气体扩散，因此它可以用来装碳酸饮料。

$$\left[\begin{array}{c} O \\ \| \\ C \end{array} - \bigcirc - \begin{array}{c} O \\ \| \\ C \end{array} - O - CH_2 - CH_2 - O \right]_n$$

▶ 什么是HDPE (高密度聚乙烯)？

高密度聚乙烯严格地讲是密度在0.93—0.97克/厘米^{3}的聚乙烯。聚乙烯的密度由聚合物高分子链上的支链数所决定。高密度聚乙烯的分子链上支链数很

少，因此分子链可以很紧密地堆垛在一起。这样的紧密堆垛使聚乙烯成为高强度的聚合物，所以它们被用来做瓶盖、牛奶瓶和呼啦圈。

▶ 什么是LDPE（低密度聚乙烯）？

如果聚乙烯的密度在0.91—0.94克/厘米^{3}之间 (是的，这个范围有重叠) 就可以被称为低密度聚乙烯。为了达到上述密度，聚乙烯的分子链上有比高密度聚乙烯更多的支链，但是整个分子链中的原子很少。支链组织阻止分子链紧密地堆垛在一起，这使得材料更软更易弯曲。低密度聚乙烯具有这些性能使得其常被用于制造垃圾袋、食品与三明治包装，以及一些"黏"性的食品包装 (尽管最初的Saran牌保鲜膜使用的不是LDPE)。

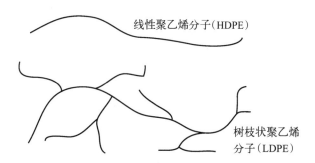

线性聚乙烯分子（HDPE）

树枝状聚乙烯
分子（LDPE）

▶ 什么是PVC（聚氯乙烯）？

如果聚乙烯中乙烯单体上的一个氢原子被氯原子替代 (这种材料实际制造过程并非这样)，就得到了PVC，或者说聚氯乙烯。聚氯乙烯是继聚乙烯与聚丙烯之后，产量第三大的聚合物。它是种很坚硬的聚合物，所以它常用于制造管道或者地板之类的东西。PVC也能通过引入小型有机分子而被软化 (术语：塑形)，比如邻苯二甲酸酯 (一种有两个酯的苯环)。塑形PVC有着一些其他用途，比如用于制作电线绝缘层,或者做成花园里的水管。

$$n\left(\begin{array}{c}H \quad Cl \\ C=C \\ H \quad H\end{array}\right) \longrightarrow \left(\begin{array}{c}H \quad Cl \\ C \\ C \\ H \quad H\end{array}\right)_n$$

▶ **我们的信用卡是什么材料制作的?**

也是PVC,只不过信用卡的制作材料中没有加入塑形剂。惯常的做法是将几层PVC薄片粘在一起来制作信用卡。

▶ **什么是PP(聚丙烯)?**

如果乙烯单体中的氯原子用甲基替代,就得到了聚丙烯。回忆先前聚合物的内容,这里引入的是立体化学。聚合物链上甲基团的排列影响着聚合物的熔点和其他物理性能。你在家中的任何一个地方都能找到聚丙烯:洗碗机、储物盒、地毯(尤其是室外的地毯),还有汽车中使用的保险杠和蓄电池外壳。它也能用于制造绳索,不但非常结实而且可以抵抗恶劣的天气,因此被广泛应用于农业和渔业。聚丙烯还被用于医疗行业,这是因为它有卓越的耐高温性,可用于高温消毒。

$$\left(\begin{array}{c}CH-CH_2 \\ | \\ CH_3\end{array}\right)_n$$

▶ **什么是PS(聚苯乙烯)?**

如果聚乙烯中乙烯单体上的一个氢原子被苯环替代(再次声明这种材料实际制造过程并非这样!),就得到了聚苯乙烯。聚苯乙烯是产量第四大的聚合物,世界每年生产数十亿千克。聚苯乙烯能够用来生产一些小的部件(比如CD盒、家具以及餐具),也能够和空气混合制成泡沫材料,用来给你的房子保温,或者为你的咖啡杯保温。

186

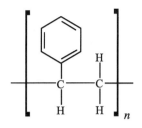

▶ 什么是保鲜膜？

保鲜膜实际上就是聚偏二氯乙烯。如果聚乙烯中乙烯单体上的两个氢原子被氯原子替代 (这种材料实际制造过程并非这样!)，就能得到PVDC，或者聚偏二氯乙烯。聚偏二氯乙烯是被拉尔夫·威利 (Ralph Wiley)于1933年意外发现的，当时他怎么也没有办法把这奇怪的材料从玻璃器皿的底部清洗掉。事实上，当时他们制作的聚合物实际上是聚乙烯——乙烯中的每个氢原子被氯原子所替代。正是二战前科学上的突破性进展允许科学家开始用这种材料制造薄膜。它被迅速地应用到军队中，用于包裹设备，防止海运时设备被腐蚀。当然也有一些其他应用，比如在丛林环境中保持士兵干燥。二战之后，陶氏化学公司发现了它的新用处：用PVDC包裹食物，也就是后来的保鲜膜。不过今天用来包裹食物的保鲜膜已经不再使用PVDC。这是因为氯原子不但对人体有害，也会对环境造成污染。目前，PVDC保鲜膜已被淘汰，取而代之的是聚乙烯保鲜膜。

▶ 好吧，那为什么PVDC曾经被叫作Saran®保鲜膜？

很多工业产品在它被取名时并没有有趣的故事，但是Saran保鲜膜例外。你可能想到拉尔夫·威利发现了这种材料，所以由他负责命名。但是事实并非如此，威利的老板，约翰·莱利获得了这一特权，他用自己妻子和女儿的名字为这一新物质进行了命名——萨拉 (Sarah) 和安 (Ann)。

是什么使我们的锅变成"不粘锅"？

这种被涂在炊具上的涂层，通常是聚四氟乙烯，它是杜邦公司销售的特氟隆。碳-氟键的强度以及它很难与其他东西起反应的特性，使得特氟隆耐热且光滑。除了做炊具涂层外，它还能做齿轮和轴承，它是戈尔特斯（你的防水外套的材料）的重要组成部分。

▶ 什么是尼龙？

尼龙是由二羟酸与二胺缩聚而成的聚合物。反应过程中形成酰胺键并释放水分子。"尼龙"是对这类材料的通称，但是常见的尼龙是"尼龙66"。这个数字表示的是在胺 (6) 与酸 (6) 反应中的碳原子数。

$$\left(\begin{matrix} F & F \\ | & | \\ C & C \\ | & | \\ F & F \end{matrix}\right)_n$$

▶ 尼龙是什么时候发现的？

华莱士·卡罗瑟斯 (Wallace Carothers)，一位在杜邦工作的科学家，首次于1935年2月28日制造出了尼龙66。卡罗瑟斯博士也为氯丁橡胶的发现做出了贡献，这种材料被用于制作潜水服。

▶ 尼龙的首次应用是什么？

尼龙的首次商业应用大概应该是牙刷毛。在此之前的几个世纪，牙刷毛都是用动物的毛发做的，直到1938年杜邦生产了"韦斯特医生的奇迹"牙刷。

▶ 什么是硅胶？和硅一样吗？

硅是一种元素,硅胶是主链为硅和氧的聚合物。这种聚合物耐高温,并有类似橡胶的触感。最新的软式厨具和烘烤托盘都是用硅胶做的。

▶ 什么是胶水？

黏结剂有许多种,但是你的第一反应很可能是小时候使用的白色胶水。这种胶水被看作"不干胶",这是因为它是靠溶剂蒸发来强化。白胶的溶剂是水,而蒸发后留下来的黏结物是聚醋酸乙烯酯。

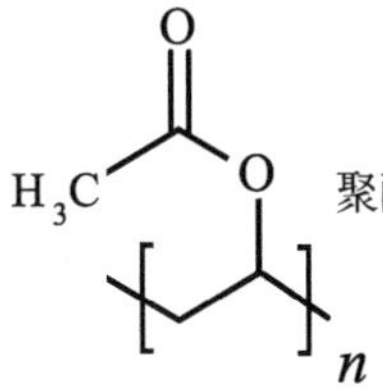

聚醋酸乙烯酯

▶ 发胶中有聚合物吗？

有,并且是与白胶和丙烯颜料相同的成分。很多发胶都含有醋酸乙烯酯(或者类似的东西)、聚乙烯吡咯烷酮,或者许多其他的类似成分变种。和胶水一样,你需要一种溶剂来溶解或者分散这些聚合物,而在发胶中酒精和水是常用的溶剂。

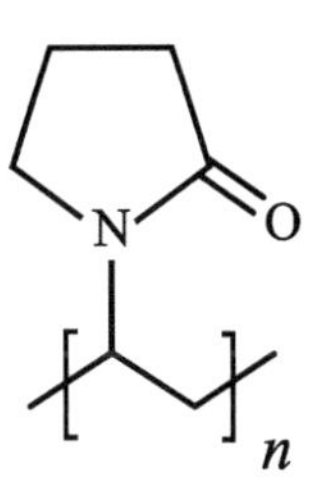

聚乙烯吡咯烷酮

▶ 什么是涂料？

涂料有三种主要成分:黏结剂、溶剂以及颜料。涂料中的小颗粒就是黏结剂,它是一种黏合物,因此它能够粘在墙上。与胶水不同,涂料中没有聚合物(至少不完全是),而是用单体或者短链聚合物替代,随着溶剂蒸发反应(交叉连接)形成巨大的网状聚合物。涂料中溶剂的作用是使涂料料浆具有适当的黏稠度,这样才能便于涂在墙上而不至于滴得满地都是。随后溶剂蒸发,促使交联聚合物网的形成。当然,颜料也要加入到涂料中,才不至于所有东西都被涂成白色(就算白色涂料也要加入白色颜料!)。

▶ 回收塑料怎么被做成绒头织物?

聚对苯二甲酸乙二醇酯(PET)瓶子可以用来做绒头织物。首先是清洗,之后用机械碾碎瓶子,将瓶子加工成小碎片。这些小碎片被加热,然后从一个金属板中的小孔挤出(被称为喷丝头)成为纤维,纤维随着冷却至室温而强化。当这些纤维成形时就被卷在卷轴上,之后可以通过拉伸来改善它们的强度。这些纤维可以用机器编织或者切段来得到想要的长度,用来做绒头织物服饰和被褥等。

▶ 我们用的洗发水和护发素里也有聚合物吗?

有!洗发水与护发素中许多成分都和大部分肥皂相似(表面活性剂等),这些产品中都是阳离子聚合物发挥关键作用。

这些聚合物中有一族叫"聚季铵盐",它更像是一个商品的名字而不是化学术语(下面是族中一员的结构,"聚季铵盐1")。所有这类聚合物都带有正电荷,它们能和头发形成离子键。这可以防止聚合物被水冲掉。当你涂上它,头发便不再容易粘连在一起，显得光亮飘逸。

▶ 纤维玻璃是什么？

纤维玻璃是一种用纤维强化的以塑料为基体的玻璃。它是一种很受欢迎的材料，因为它成本低廉，与某些金属相比，它的强度和重量更具有优势。纤维玻璃用途很广，常用于制作滑翔机、船、汽车、淋浴器、浴缸、屋顶、管道以及冲浪板。

▶ 尿不湿中吸收液体的东西是什么？

尿布中吸收液体的材料一般术语称为"超级吸收性聚合物"，这类化合物还被用于冷藏饮料，做阻燃剂或者做假雪。现在的吸收性材料通常是聚丙烯酸钠盐，它能完全吸收等重量的水或者体积为自身体积30%—60%的水。

▶ 吸收性聚合物也能用来冷却饮料？这是怎么做到的？

当你用吸收性聚合物托着一个杯子，然后往聚合物里面浇水，聚合物就会膨胀起来。水会从聚合物中缓慢蒸发出来，这会降低聚合物凝胶的温度，最终冷却了你的饮料。

▶ 什么是泡沫塑料（Styrofoam®）？

Styrofoam®是膨胀聚苯乙烯泡沫的商品名称（陶氏化学公司持有）。它含有98%的空气，这也是泡沫塑料咖啡杯如此之轻（真的很轻飘）的原因。除了一次性餐具，聚苯乙烯泡沫塑料还能用于建筑或者管道的保温，包装花生、蔬菜，还能用于制作插假花的基座。

▶ 氨纶（Spandex）是什么？

氨纶是北美洲的叫法；欧洲大陆把这种材料叫作"弹性纤维"；英国把它叫

作"莱卡",这是个误会,其实"莱卡"是商标名称。它是聚亚胺酯和聚脲的刚性共聚物,像聚环氧丙烷一样是一种弹性材料。这两种聚合物没有完全融合,每个聚合物之间有微小的间距,正是这种间距 (从拉伸位到正常位) 使斯潘德克斯 (氨纶) 具有弹性和强韧的特性。

柔软的弹性部分　　　　　　　　　刚性部分

附录

单 位 换 算

质量转换

1 g	=	1×10^{-3} kg
1 g	=	1×10^{9} ng
1 g	=	1×10^{12} pg
1 g	=	0.035 274 oz
1 mg	=	1×10^{-6} kg
1 mg	=	1×10^{-3} g
1 lb	=	0.453 592 kg
1 lb	=	453.592 g
1 oz	=	28.349 5 g
1 oz	=	0.062 5 lb
1 μ	=	$1.660\ 57 \times 10^{-27}$ kg
1 metric ton	=	1×10^{3} kg
1 metric ton	=	2 204.6 lb

长度转换

1 cm	=	1×10^{-2} m
1 mm	=	1×10^{-3} m
1 nm	=	1×10^{-9} m
1 micrometer	=	1×10^{-6} m
1 angstrom	=	1×10^{-10} m
1 angstrom	=	1×10^{-8} cm
1 angstrom	=	100 pm
1 angstrom	=	0.1 nm
1 in	=	2.54 cm

1 in	=	0.083 3 ft
1 in	=	0.027 78 yd
1 cm	=	10 mm
1 cm	=	1×10^{-2} m
1 cm	=	0.393 70 in
1 mi	=	1.609 km
1 mi	=	5 280 ft
1 yd	=	0.914 4 m
1 yd	=	36 in
1 m	=	39.37 in
1 m	=	3.281 ft
1 m	=	1.094 yd

容积转换

1 L	=	1×10^{-3} m^3
1 L	=	1.057 qt
1 L	=	1×10^3 mL
1 L	=	1×10^3 cm^3
1 L	=	1 dm^3
1 L	=	1.056 7 qt
1 L	=	0.264 17 gal
1 qt	=	0.946 3 L
1 qt	=	946.3 mL
1 qt	=	57.75 in^3
1 qt	=	32 fl oz
1 cm^3	=	1 mL
1 cm^3	=	1×10^{-6} m^3
1 cm^3	=	0.001 dm^3
1 cm^3	=	3.531×10^{-5} ft^3
1 cm^3	=	1×10^3 mm^3
1 cm^3	=	$1.056\ 7 \times 10^{-3}$ qt

能量转换

1 J	=	0.239 01 cal
1 J	=	0.001 kJ

1 J	=	1×10^7 erg
1 J	=	0.009 869 2 L atm
1 cal	=	4.184 J
1 cal	=	2.612×10^{19} eV
1 cal	=	4.129×10^{-2} L atm
1 erg	=	1×10^{-7} J
1 erg	=	$2.390\ 1 \times 10^{-8}$ cal
1 L atm	=	24.217 cal
1 L atm	=	101.32 J
1 eV	=	96.485 kJ/mol
1 MeV	=	$1.602\ 2 \times 10^{-13}$ J
1 BTU	=	1 055.06 J
1 BTU	=	252.2 cal

压力转换

1 atm	=	101 325 Pa
1 atm	=	101.325 kPa
1 atm	=	760 torr
1 atm	=	760 mm Hg
1 atm	=	14.70 lb/in^2
1 atm	=	1.013 25 bar
1 atm	=	1 013.25 mbar
1 torr	=	1 mm Hg
1 torr	=	133.322 Pa
1 torr	=	1.333 22 mbar
1 bar	=	1×10^5 Pa
1 bar	=	1 000 mbar
1 bar	=	0.986 923 atm
1 bar	=	750.062 torr

化学术语

绝对零度(absolute zero): 理论上的最低温度(0.00 K, −273.15℃)。

吸收(absorption): 一种物质将另一种物质摄取到自己内部。这一过程有可能是化学过程, 也有可能是物理过程。

精度(accuracy): 测量数值与实际数值或者普遍认定数值的接近程度。

酸(acid): 一种具有易于除去的氢离子(布朗斯特-劳里酸), 能够接受一对电子(路易斯酸碱理论)的分子, 或能够在溶液中释放氢离子的分子。

无规(立构)聚合物(atactic polymer): 一种在手性中心沿链无规排列的聚合物。

锕系元素(actinide): 89—102号元素。

活化能(activation energy): 在化学反应或化学过程中反应物和过渡状态(或激活完成)之间能量的差。

绝热(adiabatic): 一个不吸收或释放能量的过程。

吸附(adsorption): 一种物质被摄取到另一种物质的表面。

浮粒(aerosol): 悬浮在气体中的一种固体或液体(如烟雾、薄雾)。

等分试样(aliquot): 从大量的材料中提取的样品。

碱(alkali): 一种基本物质(pH值大于7)。

碱金属(alkali metal): 元素周期表的第1组(锂、钠、钾、铷、铯、钫)。

碱土金属(alkali earth metal): 元素周期表的第2组(铍、镁、钙、锶、钡、镭)。

烷烃(alkane): 一种分子式是C_nH_{2n+2}的烃(不含有双键)。

烯烃(alkene): 一种含有至少一个双键的烃。

同素异形体(allotrope): 单个元素的原子的不同排列形式(例如: 金刚石和石墨是碳的同素异形体)。

合金(alloy): 金属的一种混合物(例如, 青铜是锌和铜的混合物)。

α粒子(alpha particle): 一种由两个中子和两个质子形成的颗粒, 即氦核。

汞齐(amalgam): 一种汞的合金。

非晶(amorphous): 一种不具有重复性和有序结构的固态。

振幅(amplitude): 波的高度(或最大位移)。

埃（angstrom）：经常用于描述化学键长度的一种单位，1 Å=10^{-10} 米。

无水（anhydrous）：不含有水。

阴离子（anion）：带负电荷的离子。

阳极（anode）：发生氧化反应的电极。

反键轨道（antibonding orbital）：组分原子的轨道是异相的，导致排斥或不稳定状态。

原子（atom）：一种化学元素的最小单位。

原子序数（atomic number）：一个原子中的质子数。

原子轨道（atomic orbita）：一个用于描述找到一个围绕原子核电子的概率的方程式。

原子半径（atomic radius）：相同元素的原子核之间距离的一半。

原子量（atomic weight）：给定元素的一个原子的平均质量。

阿伏伽德罗数（Avogadro's number）：一摩尔的粒子数量，6.022×10^{23}。

共沸混合物（Azeotrope）：在蒸馏时不会改变成分的某种混合物。

带隙（band gap）：导带的最低点和价带的最高点的能量之差。

气压计（barometer）：一种测量压力的仪器。

碱（base）：一种接受氢离子（布朗斯特–劳里酸）的化合物；具有一对可用电子（路易斯酸），或者能够在溶液中释放氢氧离子（阿伦尼乌斯电离理论）。

β 粒子（beta particle）：一个在核衰变反应中生成的电子。

双分子反应（bimolecular reaction）：在决定反应速率的步骤中，涉及两个反应物分子间的一种反应。

黑体辐射（black body radiation）：由一个黑体释放出的电磁辐射，在室温状态下，这些辐射大部分属于红外辐射，但在更高温度下，可见光能够被释放出来。

沸点（boiling point）：给定液体在此温度下的蒸汽压与作用其上的外部压力一致。

沸点升高（boiling point elevation）：一种依数性，随着某种溶质的加入液体的沸点有所升高。

键角（bond angle）：分子中两个共价键之间的夹角角度。

键长（bond length）：两个化学成键原子之间距离的长度。

键级（bond order）：两个原子共享的电子对数量。

键能（bond strength）：打破化学键所需能量的一种量度。

键轨道（bonding orbital）: 一种分子轨道,比生成它的原子轨道性质更加稳定。

玻意耳定律（Boyle's law）: 一条说明了气体的压强和体积成反比的定律。

黄铜（brass）: 一种铜和锌的合金,这两种物质的相对比例可以变化。

青铜（bronze）: 一种的铜和锡的合金,以铜为主要成分。

缓冲液（buffer）: 一种在加入一定的酸或碱之后,会有阻碍pH值发生变化作用的溶液。

卡路里（calorie）: 一种能量单位,1卡路里等于4.184焦。

热量计（calorimeter）: 一种用于测量化学反应中热交换的工具。

负碳离子（carbanion）: 一种阴离子,其中一个碳原子带有显著的负电荷。

碳阳离子（carbocation）: 一种阳离子,其中一个碳原子带有显著的正电荷。

碳水化合物（carbohydrate）: 由碳、氢和水构成的有机化合物,通常氢、氧气含量比例为2：1,也通常被作为对糖类的总称。

催化剂（catalyst）: 一种能够提升化学反应的速率,而不会被反应所消耗的物质。

阴极（cathode）: 发生还原反应的极。

阳离子（cation）: 带正电荷的离子。

摄氏（Celsius）: 常见温度量度,其中水的熔点和沸点分别为0℃和100℃。

陶瓷（ceramic）: 通常能够通过加热过程生成的一种无机结晶固体。

硫属元素（chalcogen）: 元素周期表的第16组（氧,硫,硒,碲,钋,鉝）。

查理定律（Charles's Law）: 这一定律说明了气体的体积和温度成正比。

螯合（chelation）: 通过两个或更多个位置将一个配基与一个金属原子绑定。

化学键（chemical bond）: 在两个或更多原子之间共享电子。

化学变化（chemical change）: 一个改变物质中原子排列的过程。

化学发光（chemiluminescence）: 因化学反应引发的光的放射。

手性中心（chiral center）: 一个原子的取代基的排列,它在结构上既镜像对称又不完全重合。

手性（chirality）: 一个分子的几何属性,其镜像与原始分子不重叠。

色谱（chromatography）: 一种分离混合物的过程,通常通过固定相和流动相之间的作用力的不同来进行区分。

依数性（colligative properties）: 溶液的性质取决于其中溶解的溶质的量。

碰撞频率（collision frequency）: 每秒内碰撞发生的平均数。

碰撞理论（collision theory）：定义反应速率的碰撞频率函数。

胶体（colloid）：悬浮在另一种物质（例如牛奶）中的一种物质的颗粒。

燃烧（combustion）：一种燃料和氧化剂之间发生的产生热的化学反应。

化合物（compound）：由一种以上元素组成的某种物质。

缩合（condensation）：由气体向液体的转化。

缩合反应（condensation reaction）：一种两个分子结合成一个较大分子的反应，反应中并行发生较小分子（例如水和氯化氢）的损失。

同类（congener）：在元素周期表中同一族的元素。

配位数（coordination number）：化合物中，中心原子周围的配位原子个数。

共聚物（copolymer）：由两或多种单体构成的聚合物。

库仑（coulomb）：电荷的标准单位，其定义为电荷1秒内递送1安培电荷的电量。

库仑定律（Coulomb's Law）：描述一对分隔开的带电粒子之间作用力的定律。

共价键（covalent bond）：两个或更多个原子之间相等的或接近相等的共享电子。

临界点（critical point）：一种物质达到其两相之间的转换时所需要的一组条件。

晶体（crystal）：一种分子中的原子有序排列的固体。

晶体场理论（crystal field theory）：一个用于描述过渡金属分子中的电子结构，特别是d轨道能级的模型。

结晶（crystallization）：从化合物的溶液中形成的结晶，通常被用作纯化技术。

居里点（Curie point）：铁磁材料在此或超过此温度时转化为顺磁材料。

d轨道（d orbital）：一个角动量量子数为2的原子轨道。

道尔顿定律（Dalton's Law）：有关气体局部压力的定律，指出混合气体的总压强等于各气体分压之和。

配位键（dative bond）：一种化学键，其所具有的一个原子为参与键提供必要的两个电子。

德布罗意波长（De Broglie wavelength）：也称为物质波波长；与物体或颗粒的动量成反比；另见波粒二象性。

滗析（decant）：从固体沉淀物中分离掉液体。

衰变率（decay rate）：某种原子核发射出粒子时的速率。

简并轨道（degenerate orbitals）：相等能量的原子或分子轨道。

密度（density）：每一种给定物质的单位体积的质量。

因变量（dependent variable）：跟随函数中的自变量变化而变化的变量。

右旋（dextrorotatory）：一种旋转平面偏振光顺时针旋转的特性。

反磁性（diamagnetic）：一种物质对于所施加电场响应而产生的一个相反的电场。

非对映体（diastereomer）：不构成对映关系的构型异构体。

衍射（diffusion）：由于障碍物（可以是墙或者原子核）存在所引发波的方向的改变。

扩散（diffusion）：某种物质传播的范围越来越广泛；一种物质从高浓度区域向低浓度区域的运动；波通过空间或物体的散射。

稀释（dilution）：降低物质浓度的过程。

偶极（dipole）：涉及将正电荷与负电荷分离开来的分子或者分子特性。

蒸馏（distillation）：一种净化技术，基于物质间沸点差异而进行的物质分离。

DNA：脱氧核糖核酸名称的缩写形式，是存储生物体遗传信息的生物分子。

延展性（ductile）：柔软、非脆性，可拉伸成细线的金属。

弹性材料（elastic material）：当材料被施加外力时会发生变形现象，但外力被移除时即返回到其原始形状。

电化学电池（electrochemical cell）：一种从氧化还原反应中产生电流或者通过电流来驱动氧化还原反应发生的设备。

电解（electrolysis）：利用电流驱动氧化还原反应的发生。

电解质（electrolyte）：在溶液中形成离子的一种物质。

电子（electron）：带负电荷的基本粒子。

电子亲和性（electron affinity）：增加一个电子到一个中性物质时发生的能量变化。

电负性（electronegativity）：一个用于描述原子吸引电子能力的标度。

电子波函数（electronic wave function）：一个用于描述化学系统中电子的数学表述。

亲电体（electrophile）：一个被具有多电子的原子或分子吸引的类别。

元素（element）：具有相同原子序数的原子。

基元反应（elementary reaction）：化学反应中的单一步骤。

消去反应（elimination reaction）：一种过程中分子的两个配位体或取代基被移除的反应。

成分式（empirical formula）：物质中各元素的相对比率。

乳化（emulsion）：一种液体在另一种液体中的悬浮，胶体的一种。

对映体（enantiomer）：互为实物与镜像而不可重叠的一对异构体。

吸热（endothermic）：一种能够吸收热的过程或反应。

焓（enthalpy）：吸收或释放热的反应被定义为焓的变化。

熵（entropy）：对系统混乱程度或能量色散的量度。热力学第二定律指出：一个自发的变化不会降低一个孤立系统的熵。

酶（enzyme）：由蛋白质组成的分子，是一种催化剂。

平衡（equilibrium）：一个化学反应的正逆反应速率相等。

蒸发（evaporation）：液体转换成气体的过程。

激发态（excited state）：一个原子或分子，相较其最低能量状态，处于具有较高能量状态下的任何电子能态。

放热（exothermic）：释放热量的反应过程。

广延性质（extensive property）：一种取决于当前的物质的量的属性（例如尺寸、质量、体积）。

萃取（extraction）：从混合物中去除一种或多种物质，通常基于在溶剂中不同物质的溶解度进行。

过滤（filtration）：从溶液中移除任何固体颗粒的过程。

裂变（fission）：一个核分裂成更小部分的一种核反应。

闪点（flash point）：在此温度下，液体的蒸汽压足够高，以致蒸汽能够被点燃。

形式电荷（formal charge）：分子中被分配给特定原子的电荷（通常是电子电荷的整数单元）。

凝固点（freezing point）：物质液体相和固体相平衡共存时的温度。

冰点降低（freezing point depression）：与纯溶剂相比，溶液的凝固点会发生降低。

频率（frequency）：每单位时间的事件速率。

燃料电池（fuel cell）：化学能直接转换为电能的装置。

聚合（fusion）：两个（或更多）原子的接合。

镀锌（galvanization）：在铁或钢表面上覆盖的金属锌薄层，以防止锈的形成。

伽马辐射（gamma radiation）：高频电磁辐射，有可能对活体产生危害。

凝胶（gel）：一个固体在液体中的半固体悬浮状态，胶体的一种。

几何异构体（geometric isomer）：具有相同的分子式但原子的空间排列不同的

分子。

玻璃（glass）：无定形固体材料。

玻璃化转变（glass transition）：被观察到的无定型材料在固定态、液态或橡胶状之间的转换现象。

克（gram）：1千克的1/1 000，质量的标准计量单位。

基态（ground state）：原子或分子的最低能量状态。

半衰期（half life）：消耗反应物初始量一半时所需的时间量。

卤素（halogen）：元素周期表中的第18组元素。

哈普托数（hapticity）：和中心原子配位的邻接原子数。

热度（heat）：物质在不同温度下能量的传播。

热容（heat capacity）：每将物体温度升高1℃时所需要的热量。

亨德森–哈塞尔巴赫方程式（Henderson–Hasselbach equation）：关于酸碱平衡的一个方程式，该方程式使用pKa（即酸解离常数）描述pH值的变化，pH=pKa+$\log_{10}$（[A$^-$]/[HA]）。

亨利定律（Henry's Law）：一种阐述气体在液体里的溶解度与该气体的平衡压强成正比的方程式。

赫斯定律（Hess's Law）：指出反应下各个步骤所发生焓变化之和，等于反应下个步骤所发生的焓变化总和。与热力学第一定律相关。

杂原子（heteroatom）：除碳或氢以外的任何原子。

多相混合物（heterogeneous mixture）：一个含有一种以上物质的样品。

均相混合物（homogeneous mixture）：只含有一种纯物质的样品。

杂化轨道（hybrid orbital）：一个由多个原子轨道构成的轨道（例如，sp3杂化轨道）。

氢键（hydrogen bond）：一个与高度电负性原子相结合的氢原子和路易斯碱性原子之间的相互作用。

水解（hydrolysis）：一个分子在加入额外的水后发生的化学键（多个）断裂。

亲水（hydrophilic）：一个与水容易发生相互作用或者能够被水所吸引的分子，通常通过氢键或其他偶极相互作用来达到。

疏水（hydrophobic）：不与水相互作用的非极性分子。

吸湿（hygroscopic）：一种很容易从周围环境中吸收水的物质。

理想气体定律（Ideal Gas Law）：一个近似于气体特性的方程式，通常写为：

$PV = nRT$（式中，P＝压力，V＝容积，n＝摩尔数，R＝气体常数，T＝温度）

不混溶（immiscible）：无法混合的液体（例如，油和水）。

自变量（independent variable）：在试验过程中被设置为一个特定的、已知的值的可变量。

指示剂（indicator）：物质因响应化学给料而发生的可被观察到的变化（例如，pH值、氧化还原、金属离子的存在）。

诱导反应（inductive effect）：由于其他化学键发生的电荷传输而导致的化学键的极化。

红外线（infrared）：波长在750纳米至1毫米之间的电磁辐射，比可见光谱长，比微波辐射短。

不溶（insoluble）：不在溶剂中发生溶解的物质。

强度性质（intensive property）：一种不依赖于物质所表现出来的量的特性（例如，密度、温度、颜色）。

干扰（interference）：两种或更多波的叠加，从而导致的较强（建设性）或较低（破坏性）振幅。

离子（ion）：带电的原子或分子。

离子键（ionic bond）：两个相对电荷离子之间的吸引力。

电离能量（ionization energy）：从一个原子或离子中移除一个电子所需的能量（即电离电势）。

不可逆反应（irreversible reaction）：反应中的生成物不能逆转换成反应物。

等压（isobaric）：恒压。

异构体（isomer）：原子的空间排列方式不同，但却具有同样分子式的分子。

全同立构聚合物（isotactic polymer）：所有的取代基都位于主链的同一侧的聚合物。

等温（isothermal）：恒定的温度。

同位素（isothermal）：具有不同中子数的相同元素（质子数相同）的原子。

开（kelvin）：温度的标准计量单位，规定了水的三相点为273.16开。

千克（kilogram）：质量的标准基本单位。

激酶（kinase）：促进磷酸化（磷酸基转移）作用的酶。

动能（kinetic energy）：物体由于做机械运动而具有的能。

动力学（kinetics）：化学反应或过程所具有的速率。

稀土元素（lathanide）：元素周期表中的第57至第70元素。

晶格（lattice）：原子或离子的规则阵列。

勒夏特列原理（Le Chatelier's Principle）：这一原理指出，任何为达到均衡的化学系统而发生的变化（浓度、压强、温度、体积），将会引发为了抵消这一变化而导致的均衡的移动。

左旋（levorotatory）：一种旋转平面偏振光逆时针旋转的特性。

路易斯酸（Lewis acid）：能够接受一对电子的分子。

路易斯碱（Lewis base）：可以提供一对电子的分子。

路易斯结构（Lewis structure）：一种书写方式，其中价电子表示为点，原子间的化学键则表示为线。

配体（ligand）：一组（离子或分子）与一个金属原子相搭配形成配位络合。

物脂类（lipid）：一种疏水性或两性的生化分子（例如，蜡、脂肪、维生素A、维生素D、维生素E、维生素K、甘油酯等）。

液体（liquid）：一种具有限定容积但不具有固定形状的物质状态。

伦敦色散力（London dispersion force）：分子间一种由于电子云相互作用而产生的分子间弱排斥力。

孤对（lone pair）：位于单个原子（不涉及键合）的一对价电子。

磁量子数（magnetic quantum number）：它描述粒子或系统角动量的方向。

主族元素（main group elements）：元素周期表中S区和P区的元素。

延展性（malleable）：可被压制成形或薄片而不发生断裂或破裂的材料。

压力计（manometer）：一种用来测量气体压力的仪器。

质量（mass）：物体对于加速所产生的阻力，经常与"重量"这个词互换使用，尽管后者取决于重力而前者则不。

物质（matter）：任何有质量的物体。

熔点（melting point）：液体和固体相平衡共存时的温度。

弯液面（meniscus）：一种边界相，由于表面张力而导致的弯曲。

元（meta）：用于描述由一个芳族环上被一个位置（1,3-替代内容）所隔开的两个取代基的术语。

金属（metal）：一种作为热和电良导体的元素、化合物或者合金，通常也具有反射性、延展性和可锻性。

类金属（metalloid）：同时具有金属和非金属性能的元素、化合物或者合金。

微波（microwave）：波长在1毫米至1米之间的电磁辐射，长于红外辐射，但短于无线电波。

混溶（miscible）：经混合形成单一相时的液体。

混合物（mixture）：由两个或多个不同物质组成的系统。

摩尔浓度（molality）：利用摩尔定义每千克溶剂中溶质浓度的量度。

质量摩尔浓度（molarity）：利用摩尔定义每升溶剂中溶质浓度的量度。

摩尔（mole）：被用来描述化学物质的量的国际单位，1摩尔为6.023×10^{23}个微粒。

摩尔分数（mole fraction）：混合物或溶液中一种物质的摩尔量除以各个组分的物质的摩尔量的总和。

分子式（molecular formula）：分子中原子数的种类和数量，不同于成分式，该比率没有被缩减。

分子轨道（molecular orbital）：在分子中描述一个电子位置的数学方程式。

单齿配体（monodentate）：一个经由单一原子（与螯合物相比较）与一个中心原子形成配合的配体。

单体（monomer）：在聚合物中形成重复单元的原子团。

自然丰度（natural abundance）：在地球上发现的元素（不经由实验室生成）的不同同位素的相对丰度。

能斯特方程（Nernst equation）：一个描述的电化学半电池电势的方程式。

中子（neutron）：位于原子核中不带电的亚原子粒子。

惰性气体（noble gas）：元素周期表上的第18组元素，其特征在于其完整的价电子层所导致的一般惰性。

惰性气核（noble gas core）：被用于简化一个原子的电子配置（例如，氮的电子配置为：$1s^2 2s^2 2p^3$，可以被缩写为【HE】$2s^2 2p^3$）。

非金属（nonmetal）：不具备金属特性的元素。

非极性（nonpolar）：其电荷的分布不会导致整体偶极矩的分子。

当量浓度（normality）：溶液的浓度被定义为等价因子除以摩尔浓度。

成核（nucleation）：晶体或液体的一滴围绕一个小区域生长的过程。

核酸（nucleic acid）：RNA和DNA的通称，依次由一个糖、一个磷酸基和一个碱基所构成的一组核苷酸合成。

核碱基（nucleobase）：形成的核酸的含氮分子；腺嘌呤、胞嘧啶、鸟嘌呤、胸腺嘧啶、尿嘧啶是主要的核碱基；通常通过DNA的两个螺旋链之间的氢键形成碱基对。

亲核体（nucleophile）：一个分子向一个亲电子（即路易斯酸）转移一对电子对（即路易斯碱），形成一个键。

核苷（nucleoside）：一种包含一个核碱基、一个糖分子的生化分子。

核苷酸（nucleotide）：一种包含一个核碱基、糖分子和一个磷酸基团的生化分子。

原子核（nucleus）：原子的中心，包含带正电的质子和中性中子。

八区规则（octet rule）：化学中的一个简单规则，阐述了原子"喜欢"在他们的价层含有八个电子。

欧姆（ohm）：Ω，电阻的国际单位制。

欧姆表（ohmmeter）：一个用来测量电阻的仪器。

石蜡（olefin）：一个含有碳–碳双键的分子，也称为烯烃。

电子轨道（orbital）：围绕原子核电子密度的可能性排列。

邻位（ortho）：用于描述芳族环上的两个取代基被键合到相邻位置的术语。

渗透压力测定法（osmometry）：测量溶液的渗透强度的过程或研究。

渗透（osmosis）：溶质从高浓度区域移动到低浓度区域的扩散过程。

氧化剂（oxidant）：一种氧化助剂，或者说一种能从另一个物质中去除电子的物质。

氧化态（oxidation state）：描述一个原子的氧化程度；代名词是氧化值。

p轨道（p orbital）：角动量量子数为1的原子轨道，形似花生。

对（para）：用于描述芳族环上两个取代基结合到彼此相对位置上的术语。

顺磁性（paramagnetic）：一个没有净自旋的分子；即仅在有外部磁场存在的条件下才可能发生被吸引状况的一种物质。

肽（peptide）：一种氨基酸聚合物。

pH：对于溶液中氢离子浓度的测量。

相位（phase）：物质的一种状态（例如，固体、液体或气体）。

相界（phase boundary）：两相（例如，固–液，液–气或固–气）之间的界面。

相态图（phase diagram）：一种曲线图，展示材料在类似温度和压力这一类变量函数作用下所预期呈现的相。

光子（photon）：电磁辐射的一个量子（或颗粒）。

物理变化（physical change）：物质的宏观性质发生变化时，其化学成分不发生变化。

π键（pi bond）：一种化学键，其中相邻原子上的两个轨道有效地相互重叠。

pKa: 酸离解常数的对数。

等离子体（plasma）: 物质的相, 其中电子的重要部分已经从它们的原子核中电离。

极性（polar）: 一种化合物, 其电荷的分布形成整体偶极矩。

多齿配体（polydentate）: 形成多个配位键的配位聚合物被称为多齿配体。

聚合物（polymer）: 一个包含重复系列的单个单元, 或者是多个重复单元的"链分子"。

多晶型（polymorph）: 能够以多种形式结晶的物质的一种晶体形式。

势能（potential energy）: 所述对象由于其当前状态（例如它的电荷分布、相对于其他对象的位置等）而含有的能量。

沉淀（precipitation）: 一种将物质析出溶液的过程, 通常使用的原理是物质的不溶性。

精密度（precision）: 多次重复测定时各测定值之间彼此相符合的程度（注意: 它与准确度存在差别）。

产物（product）: 通过化学反应所产生的物质。

质子（proton）: 原子核中所发现的一个带电亚原子粒子, 它具有与电子相等和相反的电荷。

自燃（pyrophoric）: 暴露于空气中会容易发生自燃的物质。

定性分析（qualitative analysis）: 对于样品中构成物质的种类所进行的分析。

定量分析（quantitative analysis）: 对于样品中构成物质的量所进行的分析。

量子（quantum）: 能量、电荷或其他物理量的离散量。

量子力学（quantum mechanics）: 物理学中描述亚原子粒子相互作用和行为的分支。

量子数（quantum number）: 在量子力学系统中守恒量的量子数值; 电子使用了**四个量子数来描述**: n, 主量子数; l, 角量子数; m_i, 磁量子数; m_s, 自旋量子数。

外消旋（racemic）: 一个手性分子中两个对映体的等量混合物。

辐射（radiation）: 电磁波所发射的能量。

自由基（radical）: 含未配对电子密度的形式, 通常包含奇数数量的价电子。

放射性的（radioactive）: 辐射或粒子的放射性排放。

拉乌尔定律（Raoult's Law）: 指出溶液中的蒸汽压力取决于添加到其中的溶质的量（摩尔分数）。

稀土元素 (rare earth element): 用于镧系和锕系元素(包括钪和钇)的术语。

速率常数 (rate constant): 表述化学反应发生的速率的数值。

定速步骤 (rate determining step): 在多步骤化学过程中最慢的一步,通常这一步骤是具有最高能量的过渡态。

反应物 (reactant): 化学反应所消耗或转化的化合物。

反应 (reaction): 改变分子或离子化合物中化学键的过程。

反应级数 (reaction order): 同时参与了化学反应的化学物种数量。

反应速率 (reaction rate): 反应发生的速度,通常以时间为条件下的化学物种浓度的变化来进行测量。

还原剂 (reductant): 还原剂的一种,或者说,物质将电子转让给另一种物质。

共振 (resonance): 描述分子中电子密度离域的一种方式。

可逆反应 (reversible reaction): 反应中的产物可逆转换成反应物。

RNA: 核糖核酸;由核苷酸链组成;含有遗传信息编码。

s轨道 (S orbital): 角动量量子数为0的原子轨道,形如球体。

盐 (salt): 被认为通过酸或碱中和而形成的一种离子化合物。

盐桥 (salt bridge): 用于将电化学电池的两侧(溶液)放置在电接触点的方法。

皂化 (saponification): 技术上来说就是甘油三酯通过氢氧化钠的水解;更通俗的用法是指代任何酯的水解。

饱和化合物 (saturated compound): 没有 π 键或环形结构的分子。

饱和溶液 (saturated solution): 一个包含可溶解溶液最大量的溶液(即任何的溶质的加入将都不再发生溶解,溶剂与溶质各自保持单独的相)。

科学记数法 (scientific notation): 一种采取十进制形式的计数法(例如 1 050 = 1.05×10^3)。

半金属 (semi-metal): 一种具有金属和非金属特性的元素、化合物或合金,也被称为"类金属"。

壳 (shell): 一种分类轨道的方式,电子根据其主量子数驻留在轨道上。

σ 键 (sigma bond): 一种涉及相邻原子轨道之间直接重叠的化学键,σ 键绕键轴对称旋转。

有效数字 (significant figure): 数目中有已知确定量的数字。

可溶性 (soluble): 一种用于描述可以溶解在特定溶剂中物质的属性。

溶质 (solute): 一种可溶解在溶液中的物质,所存在的量要远远小于溶剂本身。

溶液（solution）：一种含有多种成分的液体混合物，通常由一种主要成分与一种或多种次要成分组成。

溶剂（solvent）：溶液的主要成分。

吸附作用（sorption）：一种物质对另一种物质的附着。

比重（specific gravity）：一种化合物与基准物质之间的密度比率（通常以水作为液体）。

比热容（specific heat）：一种单位质量的物质在提升温度时所需要的热能。

比容（specific volume）：单位质量的化合物所占有的体积。

光谱（spectrum）：一个样品所形成的光吸收强度的曲线，被视为波长的函数。

自旋（spin）：一种电子和其他一些粒子所具有的角动量类型。

立体化学（stereochemistry）：在三维空间中分子中原子的排列（也见立体异构体、对映体、非对映体）。

立体异构体（stereoisomer）：分子中仅在原子空间排列上不同所产生的异构体。

化学计量（stoichiometry）：化学反应中被消耗的反应物的量和形成产品的量的比率。

升华（sublimation）：从固体到气体不经过液相升华的相变（例如，"干冰"释放出来的烟雾）。

取代基（substituent）：原子和原子团在分子中占据的指定位置。

取代反应（substitution reaction）：一个取代基替换另一个取代基的化学反应。

基质（substrate）：与试剂发生反应的一种分子，也是一种试剂。

糖（sugar）：甜味的碳水化合物（仅由碳、氢和氧组成的分子）；碳水化合物单糖（或单糖），包括果糖、半乳糖和葡萄糖。

表面活性剂（surfactant）：降低液体表面张力的溶质。

间同立构聚合物（syndiotactic polymer）：取代基交替位于主链两侧的一种聚合物。

互变异构体（tautomer）：仅有氢原子位置不同的结构异构体。

温度（temperature）：描述物质分子平均动能的物理性质。

热塑性（thermoplastic）：加热后冷却会发生硬化的塑料类型。

滴定（titration）：将已知浓度的第二溶液加入到被分析物质的溶液中，通过其反应来测量被分析物质浓度的过程。

过渡金属（transition metal）：通常情况下，指的是元素周期表中d区（第3至第

12族）中的任何元素。

三相点（triple point）：温度值和压力值的组合，在这一组合条件下物质的固相、液相和气体相都处于平衡状态。

紫外线（ultraviolet）：波长在10纳米至400毫米之间，比可见光谱短，比X射线长的电磁辐射。

单分子反应（unimolecular reaction）：所发生的仅涉及单一反应物分子的反应（可以有一个或多个产品分子形成）。

晶胞（unit cell）：晶体中最小的原子团，用以表示晶体的对称性及整体三维结构。

不饱和化合物（unsaturated compound）：一个具有至少一个 π 键或环状结构的分子。

价带（valence band）：在绝对零度下被电子占满的最高能带。

价电子（valence electron）：一个原子的价层电子。

价电子层（valence shell）：原子中价电子所处的能级称为价电子层。

范德华力（Van der Walls force）：分子间在偶极或诱导偶极之间相互作用下产生的分子间力。

范德华半径（Van der Walls radius）：一个被用来表述原子有效尺寸的假想球体半径。

蒸汽压力（vapor pressure）：一种物质在气相状态下的分压力与其固相或液相时的分压力处于平衡状态。

黏度（viscosity）：一种用于描述液体由于其应力而变形的能力来决定浓度的特性，这也与液体流动的能力相关。

挥发物（volatile）：容易在正常温度和压力下蒸发的物质。

电压（voltage）：两个位置之间的电势差。

电压表（voltmeter）：用来测量电量的设备。

体积（volume）：一个物质占有的空间量。

硫化（vulcanization）：在单个聚合物链之间创建交联的化学反应。

波数（wavenumber）：波长的倒数，通常以米$^{-1}$或厘米$^{-1}$为计量单位读取。

重量（weight）：重力在物体上施加的力。

功（work）：作用在一段距离中的力，例如一个人搬起一个盒子。

X射线（X-ray）：短波长电磁辐射的一种形式。